做更幸福的自己

王奕鑫　编著

吉林文史出版社
JILIN WENSHI CHUBANSHE

图书在版编目（CIP）数据

做更幸福的自己 / 王奕鑫编著. -- 长春：吉林
文史出版社，2019.9（2021.9重印）

ISBN 978-7-5472-6503-1

Ⅰ．①做… Ⅱ．①王… Ⅲ．①幸福—通俗读物 Ⅳ.
①B82-49

中国版本图书馆CIP数据核字（2019）第166047号

做更幸福的自己
ZUO GENG XINGFU DE ZIJI

编　　著　王奕鑫
责任编辑　宋昀浠
封面设计　韩立强
出版发行　吉林文史出版社有限责任公司
地　　址　长春市净月区福祉大路5788号
网　　址　www.jlws.com.cn
印　　刷　天津海德伟业印务有限公司
版　　次　2019年9月第1版　2021年9月第2次印刷
开　　本　880mm×1230mm　　1/32
字　　数　145千
印　　张　6
书　　号　ISBN 978-7-5472-6503-1
定　　价　32.00元

前　言

　　你是否也和曾经的我一样，穿梭于熙熙攘攘的人潮中，陡然产生一种铭心刻骨的孤独感？在KTV一夜狂欢之后，一股沉重的失落感莫名袭来？都市快节奏的生活与高压力的工作，逼迫着我们忙碌奔波。在某次应酬后回到自己的安乐窝中，你或许会突然怀念以前在小镇或乡村生活——那里的天很蓝，那儿的空气清新，那里的气氛平静祥和，与某些城市里的灰暗污浊、喧嚣紧迫的生存空间形成强烈的对比。

　　为什么物质生活的日益充足，没有增加我们的幸福感，反而让我们有种远离幸福的感觉？记得心理学家张怡筠说过这么一句话："幸福是深刻而长久的满足感，想要获得幸福，最重要的是要勇于做自己幸福的建筑师，善于做自我幸福的管理员。换句话说就是，幸福不幸福在于自己会不会创建和调节。"

　　幸福是一个谜，让一千个人来回答，就会有一千种答案。有人说，幸福是拥有一个美满的家庭；有人说，幸福是一生的平安；有人说，幸福是衣食无忧；有人说，幸福是一生健康；也有人说，幸福是每一天都快乐……

　　幸福不是越多越好，而是恰到好处。毕淑敏说："有些东西，并不是越浓越好，要恰到好处。深深的话我们浅浅地说，长长的路我们慢慢地走。"

　　幸福是一种人生体验，是对生活的一种诠释。在这个纷扰复杂的社会中，我们还是需要守住自己的一方净土。不为车房这些物质条件而不停地为难自己。日日活在比较、羡慕、嫉妒中，生活就会黯然失色，过分地为难自己就会痛苦，恰到好处即可。

　　纵有千间房屋，夜间无外一床安宿；纵有万亩良田，一日终究只需三餐。幸福是一种心的富足，不以物质的多寡来衡量，它是付出、分享和爱的感受。而恰到好处，是一种哲学和艺术的结晶体，它代表着豁达和淡然。

目 录

第一章 开启幸福的密码

第二章 激发对生活的激情

第三章 告别无谓的忧虑

第七章　随时随地播种幸福

第一章　开启幸福的密码

　　幸福是什么？幸福的钥匙在哪儿？每个人都在寻找答案。找到幸福并不容易，因为大多数人容易被世俗名利所累。

　　没有了天高云淡、风清月朗的悠然，幸福也就越来越远，遥不可及。

幸福是一种心灵感觉

幸福是一种心灵感觉，它沉淀在每个人的内心深处。

生活中，或许你没有丰富的物质与名利，但只要你拥有一份好的心情，那么你就是幸福的。当你用乐观的心态对待生活的时候，幸福就会像影子一样出现在你的身旁。

人生一世，每个人都希望自己能够快快乐乐、开开心心地过一辈子。也许每个人对幸福的理解各不相同，但渴望拥有幸福的愿望却是共同的。有的人认为幸福是考上理想的学校；有的人认为幸福是找到一个知心爱人；有的人认为幸福是儿女们常回家看看……其实，幸福是一种心灵感觉，是享受生活中那份自然和恬淡，是萃取点滴快乐之后的满足。

且听我讲一个真实的故事：

在一个夏日雨后的黄昏，我用自行车带着儿子上街，行人不多，街面低凹处还存着一洼一洼的雨水。

从迎宾路向南城河边一拐，沿河堤向南是进入城区的一道斜坡路面，自行车快速地滑行而下，湿润清凉的风迎面而来，只听身后的儿子喊道："啊！妈妈，我好幸福啊！"

听了这声喊，我先是一怔，而后便开心地大笑起来。幸福！是啊，幸福！记得哪位名人说过："人类一切追求的最终目的，就是为了获取幸福。"世上不知有多少男男女女苦苦追寻，甚至不惜以生命作代价。然而大多数得到的往往不是幸福，而是苦痛和失望。幸福是一个魔洞。金钱可以让你富，权势可以使你富贵，然而，金钱和权势都不是打开幸福这个魔洞的钥匙。所以富贵也就不能等同于幸福了。

然而，幸福却又是轻易可得的，我的儿子就是在我的自行车短暂快速的滑行中，在那一缕清风中，伸开双臂抱住了幸福的脖颈。

那么，幸福到底是什么呢？许多人或许会问。

其实，幸福什么也不是，幸福只是一种感觉，是一种拈花微笑的禅意。同样，一朵红花在不同的心灵中会引发不同的感受。只有心地无私和知足常乐者才会时时看到幸福在向他招手微笑。只有领悟了人生真谛的智者才能在生活中时常满足和舒畅，贪婪者永远被关在幸福之门的外面。

杜甫在《狂夫》中说："万里桥西一草堂，百花潭水即沧浪。"杜牧也在他的《不寝》中说："莫贪名和利，名利是身仇。"诗人们告诉我们：名利是贪不得的，身居草堂也一样清心明志，可获取人生的真情趣。

俗话说知足者常乐，佛教"八大人觉"中，我觉得其中的"知足"，是人生极重要的一项。"八大人觉"要义，"大人"就是修行佛道的人，他们在修行中，固守着自觉的八大项目，即少欲、寂静、精进、不妄念、禅定、修智慧、认识和知足。知足者，身贫而心富；不知足者，身富而心贫。所以知足的人才是世界上最富有的人，也是最幸福的人。

并非只有在古诗和宗教中才能找到这样的幸福观。在当今风起云涌的商品社会中，也不乏向自己的内心寻找幸福的人。身在商战不休的大都市，郑州的女诗人蓝蓝，就在一首诗中写道：

幸福是一座草屋，

是很久以前我的家。

幸福是一座草屋，

是时间的木门，

向流浪的脚敞开着。

这和"万里桥西一草堂"有某些相似的情趣。但无论是杜甫还是蓝蓝，都不是要向人们宣扬"草堂""草屋"比风雨无忧的宫殿或者现代设施的楼厦更好，更能给人幸福，而是表达一种超然物欲之外的宁静和坦然。

我们经常看到一些平凡的人，他们虽然不富有，也没有权利和地位，更没有漂亮的衣裳，每天骑着自行车上下班，但是他们悠闲地吹着口哨，哼着小调儿，日子过得平平安安，踏踏实实。我们能说他们的人生不美满，生活不幸福吗？

有一个富翁，什么都有，却总是闷闷不乐，总觉得还少些什么。一天，他经过集市，看见一个衣衫褴褛的乞丐，便很轻蔑地向他扔了一枚小钱，并调侃说："像你这样一无所有地活着有什么意思？"

"噢！大人，我虽然没钱没势，可我有一样您没有的宝贝。"

"哦！你有什么宝贝？我可以出高价向你买，快说，快说！"

"只怕您买不起。"

"笑话！我不信天下还有我买不起的东西。"

"这样东西不能卖，因为它是一种感觉——幸福！"

所以说，幸福其实很容易，也很简单，幸福只是一种内在的心灵感觉。只要用心去体验，去感悟，幸福便会在心底油然而生。

当我们饥肠辘辘时，得到一片面包，就是幸福；当我们陷入迷茫时，一个路标的出现，就是幸福；当我们伤心泪落时，一声安慰的话语，就是幸福……

从前，一位年轻的王子整天生活在王宫里，他觉得生活很寂窘，很单调，不幸福。王子听管家说，幸福是一只很会唱歌的青鸟，如果能找到它，并把它放进一个黄金做的笼子里，就可以得到想要的幸福。于是，王子决定去寻找这只青鸟。虽然国王和王后苦苦挽留，但王子还是执意离开王宫，去寻找他想要的幸福。

一路上，王子抓到过很多会唱歌的青鸟，但这些青鸟放进黄金笼子就都死了。王子知道，这些一定不是他想要寻找的幸福。当王子找了许多年，已不再年轻时，他决定回去看望父母。等他回家后，才发现早已物是人非，父母因为过度悲伤和思念已离开了人世，王国的百姓因为没有了国王的统治也都离开了王国。

后来，王子在荒凉的街头遇见了王宫里的老仆人。老仆人从破旧的口袋里掏出了一样东西交给了王子，并让他好好珍藏，因为那是国王和王后留给他的。王子把东西拿在手里，才发现那是小时候父亲为他雕的一只木黄莺。刹那间，所有的回忆都在他脑中涌现，王子把这只木黄莺紧紧地抱在怀中悲伤地哭了，因为这使他想起当年在王宫里度过的幸福时光。哭着哭着，王子突然感到怀里的木鸟动了，而且叫出了声音。原来，木鸟变成了一只青鸟。直到这时，王子才明白，幸福一直就在自己身边，只是自己身在福中不知福。

幸福是一种心情，人之幸福，全在于心之幸福。自知，就是要知道自己，了解自己。常言道："人贵有自知之明。"自知，才能知道自己的幸福所在；自知，才能拥抱每一个幸福。或许你没有丰富的物质与显赫的名利，但只要你拥有美好的心情，那么你就是幸福的。

善待当下才会幸福

当你有意识地去品尝生命的快乐时，幸福就会出现在你的生活中。当你积极地看待生活，并以此作为生活的重要组成部分时，你就会找到幸福的真谛。请记住，生活不是一次彩排，今天是你唯一能把握的。假如今天你只有1%的幸福，你不必奢望明天获得99%的幸福。

有些人只看到明天的价值，而看不到今天的价值。要知道只有学会善待今天，善待眼前，才会得到更多的幸福。

幸福是一种积累，由无数个今天堆积而成。所以珍惜现在，珍惜今天。

有一名青年总是埋怨自己时运不济，生活不幸，终日愁眉不展。有一天，走来一位须发俱白的老人，问："年轻人，干吗不高兴？"

"我不明白我为什么老是这么穷？"

"穷？我看你很富有嘛！"老人由衷地说。

"这从何说起？"年轻人问。老人没有正面回答，反问道："假如今天我折断你一根手指头，给你1000元，你愿意不愿意？"

"不愿意。"年轻人回答。

"假如斩断你一只手，给你10000元，你愿意不愿意？"老人又问。

"不愿意。"

"假如让你马上变成80岁的老翁，给你100万元，你愿意不愿意？"

"不愿意。"

"假如让你马上死掉，给你1000万元，你愿意不愿意？"

"不愿意。"

"这就对了，你身上的钱已超过了1000万元啊！"老人说完笑吟吟地走了。

从这个故事中不难看出，青年人没有发现自身的价值，没有看到自己拥有的幸福——年轻的资本。生活中，人们普遍有这种心理：总想摆脱现有的不快，抱怨自己的职务低，嫌弃自己的社会地位，等等。不是在现实中寻找快乐，而是在渺茫的未来中，憧憬快乐与幸福。其实，这是错误的做法。试问谁可以担保，一旦脱离了现有的位置，你就可以得到幸福。又有谁可以担保，今天笑的人，明天一定会笑？

瑞典有句格言：我们总是老得太快，却聪明得太迟。如果每个人都能早点儿明白幸福就在眼前，就在今天，我们或许就能把握好今天的每时每刻，去感受更多的幸福。

丹麦哥本哈根大学有一个学生叫乔根，有一年暑假，他去华盛顿观光。乔根到达华盛顿时，在魏拉德旅馆登记住宿，他在那儿的账早有人给付了，这使他高兴到了极点。可是，当他准备就寝时，发现钱包不见了，钱包里装着他的护照和现款。他跑到楼下的旅馆柜台，向经理说明了情况，经理说："我们会尽一切努力帮助你。"

第二天早晨钱包仍下落不明，乔根的衣袋里只有不到两元的零钱，现在他孑然一身，飘零异邦，怎么办呢？是打电话给芝加哥的朋友，告诉他所发生的事？还是到警察局坐等消息？蓦地，他有所醒悟地说："不，我不愿意做任何没有意义的事情！我要参观华盛顿，错过了今天，我可能再也不会到这儿来了。我在这个伟大国家的首都里只能待上宝贵的一天。毕竟我还有去芝加哥的机票，还有许多时间解决护照和现款的问题。如果我现在不去参观华盛顿，我就不会再有这样的机会了。现在是很愉快的时候，我应该愉快地过好今天。"于是他步行出发了。他看到了白宫和国会大厦，参观了一些气势恢宏的博物馆，还爬上了华盛顿纪念碑的顶端。虽然不能到华盛顿郊区以及他计划中的其他地方去，但凡是他到过的地方，他都看得格外仔细，心里很兴奋。

　　回到丹麦后，他回忆起在美国的这段旅程，总是很开心。因为他觉得，他没有因为钱包被偷而沮丧，失去一天的美好时光。事实证明他是明智的，在他回国后的第五天，华盛顿警察局帮他找回了钱包，物归原主。

　　假如你能够像乔根那样，明白只有今天才是真实的，彻悟今天、昨天和明天的关系，你就不会沉浸于痛苦中不能自拔了。

　　幸福就在今天！这或许就是人生最大的哲理吧？我们来到这个世上一直在苦苦追寻：年轻时憧憬未来，年老时回忆过去，似乎我们要找寻的东西永远也不会出现在我们面前。当生命从指端悄然滑落，我们所剩时日不多时，才开始珍惜每一个今天，于是蓦然发现：一直苦苦寻找的东西就在每一个当下，每一个今天。

　　生活本来就是由许多个今天组成，我们唯一能真实感觉到的，就是今天。昨天，或者辉煌，或者暗淡，都已经消逝。至于明天，谁能积累更多的财富，或是谁能走得更远，这些都不重要，因为这些都是未知的，我们可以沉醉于对明天的想象中，但那却如泡影一般虚幻。无论我们沉醉多久，最终还是要回到当下。因此，学会珍惜今天，才是最重要的。

　　不可否认，回忆往往是美好的，美好的回忆也将是人生的一笔财富。可回忆毕竟由每一个今天积累而来，要想为自己留下丰富美好的回忆，我们就应该把每一个今天过好，让幸福的今天成为记忆的片段。当然，我们的人生同样需要理想，常常在脑中构想未来幸福生活的画面，有助于激励我们努力奋斗。毕竟未来的成功和幸福生活是由每一个今天的努力积累而来。但是，如果我们一味地逃避现在，只能导致我们对将来过于理想化。我们也许会认为，在将来的某一美妙时刻，我们的生活将得到改观，我们的每一件事将安排得井井有条，我们将找到幸福的感觉，当我们面临这一特殊时刻时，我们的生活将真正开始。可一旦这样的时刻真的来临，往往又会令人失望。这种时刻绝不会像我们想象的那样美妙。我们唯一能做的就是把握每一个今天，付出更多的努力，那么，明天自然就会朝着理想的方向发展。

只要我们想一想，我们就知道，除了"今天"之外，确实没有其他时刻是我们能把握的。"今天"便是一切，将来，只有真正来临时，才能成为我们可以把握的另一个时刻。聪明的人应该把今天紧抓在手里，作为我们唯一的所有。

如果我们快乐，如果我们生活的每一时刻都有价值，那么，我们便是一个幸福的人。

从今天开始，微笑着去感受云卷云舒的美丽画面；微笑着去享受努力奋斗的辛勤忙碌和宁静自在的片刻悠闲所带来的独特心情，让每一个今天都幸福。

有一种幸福叫知足

人生，不是你走了多长路，你就能体悟到多少幸福。而是，你能否从经历的人生中去领悟，进而改变自己的心态，去创造一条通往幸福的途径，使自己更亲近幸福、拥抱幸福。一旦你认定这个方向，你会在任何时候，都能保持一种平和的心境，不会因外界的谬论而影响自己内心的安宁。这样，你离幸福就近了，离烦恼就远了。

说到底，幸福的方向，其实就是趋向内心的安宁，获取心灵的宁静与从容，就是获取简单而真正的幸福和快乐。其实，每个人都拥有这种创造幸福的能力。只是，看你能不能卸下那些沉重的压迫心灵的顽石。

幸福是一种知足。在人生的道路上，人要有所追求，又要有所满足，所以说知足常乐。幸福是人生的一种知足，只要自己感到满足，感到快乐，就是一个幸福的人。"暮春者，春服既成，冠者五六人，童子六七人，浴乎沂，风乎舞雩，咏而归。"只有心灵安定宁静者，才能享受这种高情雅致，这是超出世俗的幸福，不以物使，不为物役，天地何可不乐。

因此，幸福从来不在于你拥有什么，幸福在于用自己的能力去努力创造，用心感受。

富兰克林·D.罗斯福说："幸福来自成就感，来自富有创造力的工作。"当你开始有创造力地做某项工作时，你就会找到快乐，感受幸福。因此，幸福是一种创造，一种能力。

有两个和尚分别住在相邻的两座山上的庙里。两座山之间有一条小溪，溪水清澈见底，甘甜宜人。这两个和尚每天都要下山去溪边挑水，久而久之，他们便成了朋友。

就这样，时间在每天挑水中不知不觉地过去了五年。突然有一天，左边山上的和尚没有下山挑水，右边山上的和尚心想："他大概睡过头了，便没有在意。"

哪知第二天，左边山上的和尚还是没有下山来挑水，第三天也一样，过了一个星期，还是一样。直到过了一个月，右边山上的和尚终于忍不住了。他心想："我的朋友可能生病了，我要去拜访他，看看能帮上什么忙。"于是，他爬上了左边那座山，去探望他的朋友。等他到达山庙，看到他的朋友之后，大吃一惊。原来，他的朋友正在庙前打太极拳，一点儿也不像一个没有水喝的人。

他充满好奇地问："你已经一个月没有下山挑水了，难道你不喝水吗？"

左边山上的和尚说："来来来，我带你去看看。"于是他带着右边山上的和尚走到庙的后院，指着一口井说："这五年来，我每天做完功课后，都会抽空挖这口井。即使有时很忙，但能挖多少算多少。如今我终于挖出了井水，再也不必下山去挑水了。我可以有更多的时间，练我喜欢的太极拳。"

看完这个故事，我们都会为挖井的这个和尚叫好，他通过自己的努力创造了奇迹，再也不用天天下山挑水喝了，也就有了更多的时间去感受幸福的生活。是啊，如果对眼下的处境不满，那就用自己的能力去创造、去改变，就像挖一口井，无论挖多深，只要每天都坚持去挖，终会有奇迹出现。

的确，幸福是一种能力，一种创造。生活对于每个人来说都是平等的，上帝不会偏爱任何一个人。但人世间有人会感到幸福，而有人却感到不幸。那是因为幸福是一种能力，是感谢生命赐予和现有生活的能力；是感受快乐，抵制不良情绪的能力；是不断反省自己，完善自我的能力；是一种调节身心平衡，调节人与社会平衡的能力。幸福是一种创造，创造属于自己的一片天空。

海伦的故事能带给我们很多启示：

海伦是一个孤儿，很小的时候被父母抛弃。长大以后草率地结婚，几年后，匆忙建立起来的家庭又破裂了，她不得不一个人承担抚养两个孩子的责任。虽然已经找到了一份工作，但那点微薄的工资怎么能维持一家人的生计？她整天忧心忡忡，愁容满面，开始为将来的命运担忧。她一遍又一遍地问自己："难道今生就只能做一个受苦受累的小人物吗？难道就只能做一个含辛茹苦地拉扯孩子，斤斤计较每一分钱的人吗？难道自己的命运就不能自己掌握，要依靠上天去安排吗？""不！"海伦在心底发出呐喊："我一定要坚强起来，振作起来，我相信，我有能力改变自己的生活，有能力创造自己的未来。"于是，她走进夜校大门去进修会计，很快就找到一份收入丰厚的工作。工作之余，她又去夜大学习。

有一天，海伦突然发现自己对家庭装饰十分感兴趣，因此，她毅然决然地辞去了会计工作，做起了家装设计。她把活动室移到了自己家中，把家里布置得很漂亮，并且经常举行各种聚会，通过聚会向在场的人展示自己的作品。无疑，此举获得了成功。

不久，她成立了一个日用百货进出口公司，经营没多久，效益就非常好，但她并没有因此而满足。紧跟着她又创建了家庭装潢公司，从此把自己投入激烈的竞争中。坚强自信的她能够从容地面对一切困难，由于经历过苦难，所以现在的任何艰难困苦都不会将她击败，反而会使她更加坚强。

海伦成功了，许多社团组织都请她去演讲，为大家传授成功的秘诀。回顾海伦成功的原因，正如她说的："我有能力改变自己的世界，有能力创造自己的未来。"海伦的成功恰恰说明，幸福是一种能力与创造。

每个人的幸福都不同，所以幸福学不来；每个人获得幸福的能力也不同，所以幸福急不来。只是，手边事，眼前人，温暖的眼神，执着的快乐，宽容的灵魂，就是幸福最初的模样；如果放弃了、离开了、冰冷了、消失了、沉沦了，我们的幸福也就不复存在。

幸福是一种能力与创造，是我们对人生的把握。生活中的甘苦和喜忧，需要我们自己承担；生活中坎坷的道路，需要我们自己去踏平。坚强地面对一切，人生将会更加幸福。

给予也是一种幸福

人类有一个共同的特点，就是渴望被人关心，被人欣赏。如果你愿意多关心别人，把满足和幸福带给别人，别人同样也会关心你。生活本身就是丰富多彩的，它会以多种方式给予人无尽的快乐。只是有的人一开始就有些误解，总以为只有从生活中索取，只有自己心满意足了才能使自己幸福快乐。其实不然，站在生活这一烦琐的课题面前，每个人都应该明白一个道理，那就是给予比接受更令人幸福快乐。

有这样一个故事，主人公虽说是个小孩，但他的言行却令成年人深思。

圣诞节的前一天，保罗从他的办公室出来时，看到街上一个小男孩在他闪亮的新车旁走来走去，并不时地触摸它，脸上满是羡慕的神情。

保罗饶有兴趣地看着这个小男孩，从他的衣着来看，他的家庭显然并不富裕。就在这时，小男孩抬起头，问道："先生，这是您的车吗？"

保罗说："是啊，这是我哥哥给我的圣诞礼物。"小男孩睁大了眼睛问："你是说，这是你哥哥给你的，而你不用花一美元？"

保罗点点头。小男孩说："哇！我希望……"保罗认为小男孩也希望有一个这样的哥哥。但小男孩说出的却是："我希望自己也能当这样的哥哥。"

保罗深受感动地看着这个小男孩问道："要不要坐我的新车去兜风？"小男孩惊喜万分地答应了。逛了一会儿之后，小男孩转身对保罗说："先生，能不能麻烦您把车开到我家前面？"

保罗微微一笑，他理解小男孩的想法：坐一辆大而漂亮的车子回家，在小朋友面前是很神气的事。但他又想错了。小男孩说："麻烦您停在两个台阶那里，等我一下好吗？"之后，他便跳下车，三步两步跑上台阶，进入屋内。不一会儿他出来了，并带着一个显然是他弟弟的小孩，他的弟弟因患小儿麻痹症而跛着一只脚。他把弟弟安置在下边的台阶上坐下，然后指着保罗的车子对弟弟说："看见了吗？就像我在楼上跟你讲的一样，很漂亮对不对？这是他哥哥送给他的圣诞礼物，他不用花一美元。将来有一天，我也要送你一部这样的车子，这样，你就可以看到我一直跟你讲的橱窗里那些好看的圣诞礼物了。"

保罗的眼睛湿润了，他走下车子，将小弟弟抱到前排座位上，他的哥哥眼里闪着喜悦的光芒，也爬了上来。于是三个人开始了一次令人难忘的假日之旅。

在这个圣诞节，保罗明白了一个道理："为自己而活并不幸福，为他人着想，为他人付出才是真正的满足和幸福。"

在我们的日常生活中，很多事情往往也是这样，当你为别人着想，为别人付出，给予别人关爱和满足的时候，无论这种付出能否得到回报，都会从心底里感到欣慰和幸福。

有句话说，能让自己快乐的人是聪明智慧的人，能让别人快乐的人则是幸福而伟大的人。一个只为自己而活的人，很难获得别人的关心和帮助，更无法感受人间暖暖的真情。拥有热情，拥有善良，拥有同情，懂得分享和付出，每个人都是最富有的。也是最幸福快乐的。

从前，有一个男子坐在一堆金子上，伸出双手，向每一个过路人乞讨着什么。

吕洞宾走了过来，男子向他伸出双手。吕洞宾问："孩子，你已经拥有了那么多金子，难道还要乞求吗？"

男子说："唉！虽然我拥有如此多的金子，但是我仍然不满足，我乞求更多的东西，我还乞求爱情、荣誉、成功。"吕洞宾从口袋里掏出他需要的爱情、荣誉和成功，送给了他。

一个月之后，吕洞宾又从这里经过，那名男子仍然坐在一堆金子上，向路人伸着双手。"孩子，你所乞求的都已经有了，难道你还不满足吗？"男子说："唉！虽然我得到了那么多东西，但是我还是不满足，我还需要快乐和刺激。"吕洞宾把快乐和刺激也给了他。

一个月后，吕洞宾又从这里路过，见那名男子仍然坐在那堆金子上，向路人伸着双手——尽管有爱情、荣誉、成功、快乐和刺激陪伴着他。吕洞宾问："孩子，你已经拥有了你希望拥有的，难道你还乞求什么吗？"男子说："唉！尽管我已经拥有了这么多东西，但是我仍然不能满足。老人家，请您把满足赐给我吧！"吕洞宾笑道："你需要满足吗？孩子，那就请你从现在开始学着付出吧。"

吕洞宾一个月后从此地经过，只见这男子站在路边，他身边的金子已经所剩无几了，他正把它们施舍给路人。他把金子给了衣食无着的穷人，把爱情给了需要爱的人，把荣誉和成功给了惨败者，把快乐给了忧愁的人，把刺激给了麻木不仁的人。现在，他一无所有了。看着人们接过他施舍的东西，满含感激而去，男子笑了。

吕洞宾问："孩子，现在你感到满足了吗？""满足了，满足了！"男子笑着说："原来，满足是藏在付出的怀抱里啊！当我一味地乞求时，得到了这个，又想得到那个，永远不知道什么叫满足，永远在为自己而活，一旦我为别人付出时，我便从心底感到快乐和幸福。"

　　这个故事告诉我们这样一个道理：一个不愿吃亏，不愿付出关爱，不肯与人分享的人即便真的得到很多，也不会幸福。人生需要丰富的体验，多一些付出，多吃一点儿亏并非是坏事，至少让我们体验了人间的真情，同时让我们达到了幸福的最高境界。所以说，为自己而活并不幸福，与他人分享，给他人满足，给他人快乐，才能让我们真正拥有友情和信任，拥有人生最长远的幸福。

用平常心对待幸福

人一生下来，就要追求幸福。也可以说，幸福是一种普通的、共性的概念。而且幸福大多是相似的，而不幸各有不同。

人类社会的进步与变化，固然需要英雄与伟人，但更多的是需要平凡而普通的人。人类的历史是人民群众创造的，是一个个平凡的人组成的群体。比如一块砖，看似不起眼，但是任何一座摩天大楼都是一块块普通而又平凡的砖建成的。因此，平凡是一种幸福。

做一个平凡的人，可以享受劳动和工作的快乐，虽然不能衣来伸手，饭来张口，但辛苦讨得快活吃，是一种平凡人的乐趣，也是平凡人的幸福。

平凡的岁月、平凡的人、平凡的生活、平凡的情、平凡的幸福，需要一颗平常的心。平平凡凡地劳作，才是平凡的幸福永恒的底蕴。

心理学家说："幸福与心态的积极与否密切相关。如果一个人决心获得幸福，那么就能得到幸福。而心态消极的人不仅不会吸引幸福，相反还会排斥幸福，即使幸福悄然降临到他身边，他也会毫无察觉，从而与幸福失之交臂。"

人生在世，谁都希望生活得幸福快乐，快乐的人生是一次成功的旅行，拥有快乐的心情会感到活着是美好的、幸福的。而真正幸福美满的人生不是过得如何舒适，活得如何安逸，而是要活得心安理得，快乐充实，在平凡的生活和工作中充分地将生命的价值发挥出来。

克里姆林宫有一位尽职尽责的老清洁工，她说："我的工作和叶利钦差不多，叶利钦是在收拾俄罗斯，我是在收拾克里姆林宫，每天做好自己该做的事。"她说得那么轻松怡然，很令人感动，也令人深思。

生活中的我们也都在忙碌的"收拾"中平凡地活着。往大处说，是国家的事，单位的事；往小处说，是家里的事，邻居的事，柴米油盐等忙不完的事。平凡生活中的杂乱无章，是我们一生都收拾不完的，有的甚至到生命结束，还要留下遗嘱，让后人们继续收拾下去。

克里姆林宫的老清洁工在达官显贵面前，是地位最低下、最平凡的平头百姓，可是她并不自卑，而且还幽默地把自己的工作与领导人的工作相提并论，足见其心胸的豁达和坦荡。世事沧桑，难道老清洁工在那种特殊的场合就一点儿感慨也没有吗？答案是否定的。只是她能透过表面现象，看到问题的本质，悟出人生的真谛。更重要的是，她在自己平凡的生活和工作中深深地感受着人生的幸福与美好。居庙堂之高也好，处江湖之远也罢，只要每个人都做自己该做的事。平凡也是幸福，就像老清洁工一样，她每天都在认真地收拾红墙内的灰尘和垃圾，同时也把散落在心头的苦闷和迷茫一并扫清。

然而，与这位老清洁工相比，生活中有很多人就不那么安分。在权势面前，他们自叹不如；在金钱面前，他们无地自容。这些自卑者大都不满足现状，不甘于平凡，总抱怨生活不公，悔恨生不逢时，但是具体到自己的工作却一塌糊涂。这些人常常是小事不愿做，大事做不来，结果往往是荒了自己的地，也没种好别人的田。

其实，一个人活着从来不需要轰轰烈烈，平平淡淡才是真。

不要期待过高，否则等待你的就是失望和烦恼。做人要面对现实，不要幻想那些浪漫的偶像剧情节，那都是虚幻的，我们需要的是在平凡的人生中体验真正的幸福。

平凡人的幸福，在于他有一颗平凡人的心，这是易于满足和获得快乐的心，是宽容与善良的心，是朴实与感恩的心。有了平凡的心，就能本我地、真实地生活，这种真实的生活不会因汲汲名势而烦躁，不会因蝇头小利而苦楚。不为诱惑所扰，不为世态所累，无论风雨，都能享受到普照在心灵上的阳光。

平凡人的平凡生活并不排斥显贵的生活和通达的仕途，而是面对生活能始终守住心灵的平凡，不让无穷的欲念攫取自己美丽的心情，不让明天的烦恼在今天预支，是"够用就好""活在当下"的逍遥平稳。有了这种平稳的心态，就能经常如沐春风，感受天伦之乐，友情之真，劳作之悦。快乐从来不需要任何理由。正如著名哲学家尼采所言："对于平凡人来说，平凡就是幸福。"

守住平凡，并不是生活中的随波逐流，更不是自我姑息与麻醉，而是能在纷繁复杂的世事中把持的一种智慧与释然，是对人生追求但不苛求，知足但不满足的积极心态。是善待自我、固守宁静的散淡洒脱；是保持高雅、心怀感恩的诚挚平和；是有着甘地式的"简朴的生活，崇高的思维"。

有一对幸福恩爱的小夫妻，他们本来过着节俭、快乐、幸福的生活。直到有一天，丈夫意外地拾到一条红头绳后，原有的幸福生活渐渐地离他们远去了。

丈夫把捡来的头绳系在了妻子的头上后，大家都觉得他妻子比以前漂亮了。但很快发现妻子的围巾显得有些土，于是丈夫又用家里的积蓄为妻子买来了新头巾，大家都夸他的妻子更漂亮了。但马上又觉得妻子的上衣太旧了，丈夫又为妻子买来了新上衣。就这样，丈夫为妻子花光了家里所有的积蓄还欠下了外债，还是满足不了妻子日益增长的需求。甚至，大家觉得他和妻子有些不般配了。于是，夫妻俩终日在焦虑与无奈中奔波着。

这对小夫妻原本是一对平常幸福的人，过着属于自己平凡而快乐的生活，但由于他们没有经得住那个偶然的微小诱惑，那颗平凡人具有的平凡心被打碎了，从此走上了痛苦与烦恼的不归路。

其实，把握住平凡和平凡人生的幸福很简单，只要你善于发现生活中的点滴快乐，感受平凡中的美丽，久而久之，就会汇成幸福的涓涓细流，定格成你生活中永远的底色。否则，就如古希腊学者苏格拉底所言："当我们为奢侈的生活疲于奔波的时候，幸福的生活已经离我们越来越远了。"

所以说，拥有一颗平凡的心，感受平凡人的幸福，你会发现，平凡也是一种幸福。

不要嫉妒他人的幸福

经历越多，教训就会越多。但是，并不一定经历过苦难就会变得聪明。有很多人，经历过越多的苦难，脾气就变得越来越糟，而认为幸福的人都比较幼稚，这也是一种偏见。

"幼稚"在字典里有"形容头脑简单或缺乏经验"之意。和字典里的意思一样，如果把一个大人的语言和行为评价为"幼稚"，那将是一件非常失礼的事情。站在被评价人的立场上来看，这无异于骂自己，但有些人却习惯性地喜欢用这个词。他们不论看什么事情，如果有一点儿不满意的地方，就会轻易地评价为"幼稚"。可惜的是，这些喜欢说别人幼稚的人，几乎没有一个人具有成熟的人格。

我想，这是因为越是成熟和年长的人，越会注意自己的言行。那些喜欢说别人幼稚的人，尤其是喜欢用"幼稚"评价态度积极的人，对他们来说，不幼稚的事情就是绞尽脑汁贬低自己不喜欢的人。如果希望能有更好的人生，那就干脆不去理会这些人的指责，成为一个"幼稚"的人，多和同样"幼稚"的人交朋友。这些"幼稚"的人，往往会把这个世界想象成如童话般纯净明亮。这并不是因为他们不知道世道的艰难险恶，也不是因为他们的思想水平较低，当你和他们进行对话时就会发现，越是这样的人，越具有广阔的视野。他们懂得，这样的人生态度才可以让自己在这个世界中更好地生存。拥有这种"幼稚行为"的人，与那些不考虑他人情绪、不懂事的人不同，和他们接触完全不会产生不愉快的感觉。追根究底，幸福的本质不就像孩子一样快乐，接近幼稚吗？

在这个世界上，丢掉"酷"的张扬，还是可以得到很多种幸福的。多和懂得这些道理的人在一起，你也会成为虽然幼稚却很幸福的人。因为，不论何时，幸福都是会互相传染的。何况，幸福的人并非都要闭上眼睛生活在这个世界，他们有自己接受事物的方式。

人们常用"温室里的花朵"来形容生活在幸福中的人，但很多时候，这个形容词却温和地包装了大家的嫉妒和偏见。事实上，我们都有一种期待，希望从不尽如人意的生活和经历过的苦难中得到应得的补偿。

如果这些期待能够发挥积极的作用，让我们认为"苦难终会过去，我要自信努力地生活"，那将是不幸中的万幸。然而，奇怪的是，有些人却喜欢以贬低别人的幸福来抚慰自己心灵上的创伤。

千万不要让自己沉浸在无人响应的独断评价中，勇敢地去接近并结识那些幸福的人吧！不要因为辛苦和傲慢而忘记幸福的滋味，让那些幸福的人把幸福传染给你。如果你长久以来固执己见，与那些看起来幸福的人划清界限的话，那么，现在就该清除这条无形的界线了，因为他们是值得交往的朋友。如果你是一个有很多抱怨和不满的人，那么，更应该向他们学习"幸福的技巧"。

至于怎样学习幸福，我在这里结合专家的经验总结如下：

第一、尽力转变看问题的角度，经常看到好的一面。别让心理纠缠在消极或者痛苦的事情上。

第二、要想解决问题的办法，别总纠缠于问题自身。

第三、听一些放松而又鼓励人心的音乐。

第四、每天腾出一点时间读几页鼓励人心的文章或者图书。

　　第五、警戒思维动态。一旦想起了不好的事情，赶紧停下，转到高兴的事情上去。

　　第六、每天都做点自己喜欢的小事，诸如给自己买一本书、吃点自己喜欢的食物、看自己喜欢的电视节目或者电影、在街上漫步，等等。

　　第七、每天至少做一件让别人高兴的事。可以是一句话，温暖同事的心，也可以是开车时在路口对行人谦和的礼让，也可以是在公交车上给别人让座，或者给你喜欢的人一件小礼物。因为，你让别人高兴的时候，自己也开心，别人也会尽量让你高兴。

　　第八、不要嫉妒那些幸福的人，相反，应当为别人的幸福而感到高兴。

　　第九、与幸福的人来往，向他们学习，使自己幸福。

　　一个人活在世上，与其花费精力嫉妒那些条件比自己优越、过得比自己幸福的人，不如专心追求自己的幸福。那些比我们生活得幸福的人，不是我们的竞争者，而是我们应该学习的对象。

　　如果你目前的生活，离幸福还有一段很远的距离，那么，你更应该结交那些幸福的人，那些以某些人的标准来讲是"虚伪"的人。学习他们"创造幸福的心理倾向"，总有一天你也可以得到幸福。

　　你要知道，让你真正感受到幸福的，往往是很微小的事，当你时时可以把开关打开，你的人生就可以幸福。

　　生活中，我们羡慕别人是因为我们期待完美，期望可以活得更好。可是我们却忽略了一点，每个人的处境都不同，别人永远无法模仿。不过我们可以通过观察别人的长处来修正自己的短处，与其仰望别人的幸福，不如注意别人经营幸福的方法；与其羡慕别人的好运气，不如借鉴别人努力的过程。

　　不要再去羡慕，也不要去嫉妒别人如何，好好算算上天给你的恩典，你会发现你所拥有的绝对比失去的更多。而缺失的那一部分，也是你生命的一部分，接受它且善待它，你的人生会快乐、豁达、幸福许多。

　　所以，真的不必去羡慕别人，更不必去嫉妒别人，守住自己所拥有的，想清楚自己真正想要的，我们才能真正地幸福快乐。记住，不要对幸福的人持偏见，幸福是能够传染的，也是可以学习的。

第二章　激发对生活的激情

　　人人都希望有充沛的精力，人人也都有过精力充沛的时候。然而现实生活中，不是每个人都能精力充沛，更不是每个人都可持续如此。若想每天都能保持精力充沛，首先要热爱生活。人的充沛精力大多来源于对生活的热爱和对美好未来的憧憬。

　　只有当一个人觉得生活中处处充满阳光、充满欢乐、生活无限幸福美好时，他才能保持积极向上的生活态度，经常以明智的思想、观念来激励自己，时时想到自己是幸福而充实的，保持心情舒畅，在宁静而平凡的生活中享受最纯挚的幸福人生。

训练自己的专注能力

注意力的集中，作为一种特殊的素质和能力，需要通过训练来获得。那么，训练自己注意力，提高自己专心致志的素质和能力，首先应该为自己设定一个自觉提高注意力和专心能力的目标，就是从现在开始时刻提醒自己，我比过去更容易集中注意力。不论做任何事情，一旦投入，就能够迅速地不受干扰。这是非常重要的。比如，今天你如果对自己有这个要求，就要在注意力高度集中的情况下，将这项新的工作程序的内容基本上一次记下来。当你有了这样一个训练目标时，你的注意力本身就会高度集中，就会排除干扰。

大家都知道，在军事上把兵力漫无目的地分散开，被敌人各个围歼，是败兵之将。这与我们在学习、工作和事业中一样，将自己的精力漫无目标地散成一片，会永远是一个失败的人物。学会在任何需要的时候将自己的注意力集中起来，这是一个成功者的优秀品质。培养这种品质的第一个方法，是要有这样的目标。

保持良好的注意力，是大脑进行感知、记忆、思维等认知活动的基本条件。在我们的学习和工作过程中，注意力是打开我们心灵的门户，而且是唯一的门户。门开得越大，我们掌握得东西就越多。而一旦注意力涣散了或无法集中，心灵的门户就关闭了，一切有用的知识和信息都无法进入。正因为如此，法国生物学家乔治·居维叶说："天才，首先是注意力。"

在正常情况下，注意力使我们的心理活动朝向某一事物，有选择地接受某些信息，而抑制其他活动和信息，并集中全部的心理能量用于所指向的事物。因而，良好的注意力会提高我们工作与学习的效率。否则，将适得其反。

有这样一个故事：

战国时期，齐国有一位著名的下棋高手叫奕秋。由于他棋艺高超，声名显赫，从各地慕名而来的学生不少，结果有的学生只学了半年，便成了下棋高手；可有的学了一年，甚至两年，结果还是棋艺不精。有人便去问奕秋这是怎么一回事。

奕秋说："下棋是个简单的技艺，可是如果注意力不集中，不能专心致志仍然是学不好的。从前，我收过两个学生，一个学生听我讲棋艺时注意力非常集中，又认真观察我下棋，天天想的、看的、听的、做的都是棋，结果棋艺大有长进，只用了半年时间，就成了全国的下棋高手。另一个学生，我讲棋艺时，他端坐在那儿，貌似听讲，其实他的心里早就胡思乱想了。他是总幻想天空中有一只天鹅飞过，他正要拉开弓来射它呢！我的话，他根本听不进去。我下棋时，他也不认真观察，忽而玩弄这个，忽而张望那个。像这样的学生，别说教他一年，就是教他十年，也是学不好棋的。"

"人世间有多少知识需要学习啊，但只有高度集中注意力去学才能学到；人世间又有多少事情要去做啊，但只有专心致志才能做好，而不是只有下棋才这样。"奕秋的这个故事给我们的启发很深，由此可以说明，再能干的人，做事也要认真。所谓认真，也就是全心地投入，聚精会神，不受任何干扰，不分心。

其实，在许多时候，考察一个人到底有多大的能力，不能只看他能不能做，还得看他能否高度集中注意力，排除各种干扰。生活中，我们经历的许多失败和挫折，不是我们没有能力做，而是我们没有高度集中注意力，在最需要认真的时候分了神。

　　培养自己注意力的可靠途径是训练自己能在各种各样的环境下专心学习或工作。一旦确定了要干的事，你就要有计划、有目的地集中注意力，去把它干好，不受其他事物的影响和干扰。据说毛泽东青少年时代为了锻炼自己的注意力，就常到繁华的闹市去读书，而且能不受周围环境的影响。坚持无论读书学习，还是工作，都把它们当作锻炼注意力的机会和场合，久而久之，良好的习惯就逐渐形成了。

　　前苏联时期的心理学家普拉托诺夫说："要想使自己成为一个注意力很集中的人，最好的方法是，无论干什么事，都不能漫不经心！"

　　事实确实如此，集中全部注意力是做好一件事情的基本条件。所谓集中注意力，也就是平常所说的专心。高度集中注意力，也就是专心致志，此乃天才的重要素质。但这个素质是可以通过后天的训练来培养和提高的。

　　梅兰芳先生从一个资质平平的孩子成为世界著名的艺术家，他的成功值得我们深思。

　　眼神是演员的一大命脉，梅兰芳先生是如何将自己呆滞的眼神练好的呢？说来也有点戏剧性，他是通过放鸽子练好的。

　　以前北京有许多人爱养鸽子，梅兰芳先生小时候也非常喜欢养鸽子。养鸽子的人每天把自家的鸽子放出去，鸽子在天空飞翔。养鸽者在地面观察、指挥，用一根长竹竿，上面拴一条红绸子，指挥鸽子起飞，如果换成绿绸子，就是要鸽子下降。附近有许多人家的鸽子放向天空，而鸽子也有个有趣的习性，爱相互串飞，如果自家的鸽子训练得不熟练，很可能被别人家的鸽子拐走。梅兰芳要手举高竿，不断摇动，给鸽子发出信号，同时还要仰着头，抬着眼，极目注视着高空中的鸽群，要极力分辨出里面有没有混入别人家的鸽子。天长日久地练下来，梅兰芳先生的眼皮下垂竟然治好了，呆滞的眼神变得灵活传神了，视力也得到了极大地提高，臂力和腰劲也练成了，注意力也更加容易集中了，学戏的效率提高了，思考能力也增强了。

这种做法之所以会产生如此好的效果，是有其道理的。当人的双眼长时间地凝视在某一点时，视野就会变得狭窄，那些容易导致注意力分散的事物也会被忽略，因此人的意识范围也相应变窄，从而使人注意力更加集中。

据说以前练习射箭的人，将一个中空的小铜钱挂在远处，经常远远注视它，分辨铜币的空心，练到一定程度的时候，再练习注视高空中的飞鸟，极力分辨鸟的头和身子及其他部位，长期坚持训练，其结果不仅增强了视力，而且还增强了集中注意力的能力。据说，这是训练神箭手的方法。

生活中，一旦我们选择做某件事情就必须坚持下去，从入门开始逐步熟练，最终完成这件事。这件事完成了，能力也就培养出来了。每件事都这样从头到尾坚持不懈，不但可以让你的事业成功，生活愉快，更重要的是能够让你从中感受到无尽的幸福。

目标要明确精细

我们先看这样一个故事：

父亲带着三个儿子到草原上捕捉野兔。在到达目的地，一切准备停当，开始行动之前，父亲向三个儿子提出了一个问题："你看到了什么呢？"

老大回答道："我看到了手里的猎枪，在草原上奔跑的野兔，还有一望无际的草原。"

父亲摇摇头说："不对。"

老二回答道："我看到了爸爸、大哥、弟弟、猎枪、野兔，还有茫茫无际的草原。"

父亲又摇摇头说："不对。"

而老三的回答只有一句话："我只看到了野兔。"

这时父亲才说："你答对了。"

这个故事告诉我们，漫无目的，或目标过多，都会阻碍我们前进，只有明确了自己的目标，我们才能在成功的道路上少走弯路。因为，要实现自己的愿望，如果不切实际，最终可能一事无成。

目标是一个人对所期望成就事业的真正决心。目标不是幻想，因为一个切实可行的目标完全可以带来实现的满足感。一个没有目标的人，无异于盲人骑瞎马，其前景绝对不容乐观。但是，有了目标后，必须要明确它，锁定它。因为模糊不清的目标不但不能帮助你达到想要的结果，反而会让你陷入迷惑之中，让你觉得成功太遥远，可望而不可即。或者因为目标无法确定，而最终成为一纸空文。

一句英国谚语说得好："对一艘盲目航行的船来说，任何方向的风都是逆风。"

没有目标，我们的梦想便是无的放矢，无处归依。有了目标，才有斗志，才能开发我们的潜能，也才有可能实现我们的愿望。

有句话说得好："最危险的生活，就是没有明确目标的生活，没有目标的工作就像没有舵的船。"生活一旦没有目标，就可能放任自流，随时都有触礁或被巨浪吞噬的可能。工作没有目标，就可能漫无目的，过得浑浑噩噩，自然无从奢谈缔造辉煌了。所以，只有锁定目标才能达成结果。

美国前财务顾问协会总裁刘易斯·沃克在接受一位记者采访时被问道："一个人不成功的主要因素是什么呢？"

沃克回答："模糊不清的目标。"

许多成功人士都有过这样的切身感受：明确的目标会带给你激情的火花，它就像成功的助推器，会推动你向成功靠近或飞跃。一个人如果没有明确的目标，就会失去崇高的使命感，同时也就丧失了进取的活力。

有了美好的理想，你就看清了自己想要获取什么样的成功。有了明确的目标，你就会有一股无论顺境还是逆境都勇往直前的冲劲，就能达成你为之努力的梦想！

某商学院的学生集体到野外登山。老师想让这次活动更有意义，于是预先将一面红旗插在隐蔽的地方，对学生们说："在这座山上我插了一面红旗，你们现在就出发去找它。最先找到的人将拥有这面红旗。"于是学生们兴高采烈地出发去寻找了，可他们越找越累，最终失去了兴致，都在山上坐了下来。老师鸣哨集合，对大家说："现在我把红旗插在了下一座山顶上。从这里到那儿有四五条路，你们分成三组，各选一条路，哪一组能率先到达，哪一组就能拥有这面红旗。"于是三组学生各自推选了一名队长，这三位队长各选了一条路，同时出发了。他们先后接近山顶，就在他们即将到达山顶时，都发现了那面红旗，结果每个队员都奋力向前，没有一个人因为劳累和疲倦而抱怨和放弃。

登山结束后，老师意味深长地说："山上的红旗就是目标，在你们长长的一生里，每一次行动都要有明确的目标做指引，千万不要漫无目的地到处乱跑，否则你们可能什么也得不到。天底下所有的收获都属于那些有明确目标的人。"

要怎样确定自己的目标呢？

首先要从自身需求入手。树立明确的目标，需要你在自身需求上做出准确的判断，根据自身的实际情况制定目标。成功大师拿破仑·希尔说："我们不能把目标放在真空里，因为目标指挥我们的注意力，朝向问题的解决或机会的掌握。你必须配合自己的需要和希望，看什么需要留意。"随着外界环境的不断变化，一个人的欲望和需要也时刻处于变化之中。因此，你必须经常审视自己的需要，修订自己的目标与活动清单。最好每隔几个星期就回顾一次。这样，你的目标才不会偏离正确的轨道。

其次，目标不要过于笼统。清晰的目标应该具有"择要性"，而非包罗万象，涵盖一切。如果你的目标过于笼统，就会挟制你能力的发挥。因为不管你多有能力，如果你大面积撒网，不把精力集中到特定的目标上，有限的精力就会被过度分散，从而降低工作绩效。要想捕到鸟，就必须瞄准其中的一只，而不是向鸟群射击。只有集中有限的精力，才能最大限度地做好自己的工作。

最后，要学会分化目标，逐个击破。伟大的目标必定是面向未来的。但这个目标往往距离现实太遥远，人们在日常的工作生活中很难看到明显的成果。而人类又有一个普遍的心理：如果工作到了一定的时间和程度，仍没有看到进展，就会产生焦躁不安和厌倦的情绪，对手中的工作就会失去兴趣。这样你就很难调动起工作的积极性，自然会使工作停滞不前。在这种情况下，你可以通过设定分期目标来解决这个问题。把大的目标分成一个个小的目标。相对于大目标来说，小目标是成绩的最好显示器，它更容易让你在较短的时间内看到成果。这对每个人来说都是最好的激励。而当你一步步地完成这些小目标的时候，大目标也就实现了。

从某种意义上讲，清晰的目标应该像汽车的运行时间表。时间表上明确地说明某班汽车几时自某地发车，几时抵达某地。清晰的目标还必须规定出明确的完成期限以及应该达到的标准。盯住目标，别为其他事分神。有了明确的目标之后，你还需要有具体的实施计划。只设定了目标是不够的，因为设立目标时考虑的只是"是什么"的问题，而实现目标则需要考虑"如何进行"。

在实现目标的过程中，最关键的是盯住目标。只有紧紧地盯住目标，将全部精力集中在目标的完成上，才能更快更好地完成任务。如果你随意地瞎抓一气，结果只能是"事倍功半"，甚至是"徒劳无功"。

曾有一个老师给孩子们讲了一个故事："有三只猎狗追一只土拨鼠，土拨鼠钻进了一个树洞。这个树洞只有一个出口，可不一会儿，居然从树洞里钻出一只兔子。兔子飞快地向前跑，并爬上另一棵大树。兔子在树上，仓皇中没站稳，掉了下来，砸晕了正仰头看的三只猎狗，最后，兔子终于逃脱了。"故事讲完后，老师问："这个故事有什么问题吗?"有人说："兔子不会爬树。"

还有人说："一只兔子不会同时砸晕三只猎狗。"直到再也没有人能挑出毛病了，老师才说："还有一个问题你们没有提到，土拨鼠哪去了？"

猎狗追逐的目标是土拨鼠，可它们的注意力却被突然冒出的兔子吸引走了，而忘了最初的目标。在追求目标的过程中，经常会半路冲出个"兔子"，分散你的精力，扰乱你的视线，使你中途停下来，或者走上岔路，而放弃了自己原先追求的目标。例如，本来要进一步完善策划方案的，却发现自己的着装总不招人喜欢，于是潜心研究服装搭配，再不理会策划方案的不足和缺陷了。

因此，锁定目标是提高绩效的基础。只有盯住"土拨鼠"，盯住目标，你的奋斗和努力才会有意义，工作能力才会随着目标的逐步实现不断增强。

控制好自己的情绪

情绪是个体对外界刺激主观的、有意识的体验和感受，具有心理和生理反应的特征。我们无法直接观察内在的感受，但是我们能够通过其外显的行为或生理变化来进行推断。情绪是身体对行为成功的可能性乃至必然性，在生理反应上的评价和体验，包括喜、怒、忧、思、悲、恐、惊七种。行为在身体动作上表现得越强就说明其情绪越激烈。如喜时会手舞足蹈、怒时会咬牙切齿、忧时会茶饭不思、悲时会痛心疾首等，都是情绪在身体动作上的反应。

情绪不可能被完全压制，但可以进行有效疏导、有效管理和适度控制。只有调控好了自己的情绪，才有幸福生活的可能性。

心理学家把人类的烦恼和痛苦分为两类：一类叫作"必要的痛苦"，如人生的几大悲哀，少年丧父、中年丧偶、老年丧子等，无论谁遇到了都会痛苦。另一类是"自找的痛苦"，人们在生活中尝到的很多痛苦都是自找的。

对于那些必要的痛苦，我们必须学会接纳它，与它和平共处，这样才能控制它。人们在面对不良情绪时，越是害怕它，关注它，就越是在不断地给它能量，它就越会变本加厉。如同小孩子调皮，大人越生气，有的小孩子反而越来劲。对于一些不良的情绪，我们要忽略它，如果整天提心吊胆，担心它的出现，它反而会找各种理由出来。

快乐和痛苦都是相对的。任何事情都有好的一面，也有坏的一面。如果我们感受到事物坏的一面，我们就会痛苦；如果我们感受到事物好的一面，我们就会快乐。在生活中，如果总是从消极的一面去看事物，我们就永远享受不到快乐。

另外，我们在经历一件事情的时候，两种截然不同的情绪体验可能同时存在。我们在网吧里上网聊天，一方面感到很开心，一方面又感觉浪费了时间。任何事物对我们来讲都是有利也有弊的，如果我们两方面都能感受得到，又不能很好地处理，情绪就是矛盾的，而这种矛盾的情绪正是心理疾病滋生的温床。有些人一边花钱享受，一边心疼后悔，我们称这类人"享受能力低下"。其实可以这么说，人们奋斗的落脚点就是为了享受生活。

我们的行为常常可以由我们的情绪来驱动，我们有很多行为是受情绪左右的。例如，有的人一辈子就是为了爱，追求自己所爱的人；有的人一辈子都在奋斗，就因为从小受到他人的歧视，一定要争一口气。情绪来得越高，对行为的驱动就越强，最极端的时候我们的行为就会完全失去理智，出现冲动行为。

例如，有的人越害怕女朋友不忠，就越容易发现一些"蛛丝马迹"；越害怕同学反感，就越容易感受到同学的排斥。

不过，一种情绪产生之后，常常伴有能量的积蓄，积蓄的能量需要释放出来。如果总是积蓄而不释放，就会积郁成疾。所以，我们有了情绪就要表达。该如何表达呢？

一、向自己表达。所谓向自己表达就是向自己的意识表达，让自己很清楚地认识到自己的情绪状态及其来源。平时，人们很少关注自己的情绪，所以，患抑郁症的病人，通常不是在专科医院就诊，而是去综合医院。人们在不高兴的时候，常常不是用自己的语言来表达，而是用身体来表达，比如一个人生气了，他可能意识不到生气，但却感觉到胸闷气憋。如果想要控制自己的情绪，首先就要学会关注自己的情绪，时常审视自己，看看自己是怎样的情绪状态，紧张、焦虑、生气，或者是失恋了，等等。总是不关注或否定自己的情绪，这是最糟糕的。

二、向他人表达。你可以找人聊天，找你的亲人和朋友，向他们表达。还可以向专业的心理治疗师表达。

三、向环境表达。当你不高兴的时候去跑步，去旅游。当你站在高山之巅看苍穹，或者站在大海之边看日出的时候，你就会觉得那些不高兴的事情没什么大不了的。你还可以到深山老林里去高喊，或者把自己关在屋子里打沙袋，如果你愿意的话还可以用头去撞墙，当然要轻一点。这些都是向客观环境表达。

歌德失恋以后，把自己失恋的痛苦体验转变成一种艺术创作的源泉，《少年维特之烦恼》这本书因此产生。他将当时那种悲痛的情绪转变成一部不朽的艺术作品留传下来。真正有生命力的艺术作品，都是作者内心真实的情感写照。贝多芬创作《命运交响乐》，也正是在他感叹命运沧桑之时创作出来的。当然，如果你实在没有艺术创作的天赋，你可以去欣赏艺术。在艺术作品的欣赏和创作中，既可以把自己的情感表达出来，同时也不伤害别人。

情绪不好对我们的身心都是一种损害。比如我们焦虑的时候，认知能力就会下降。还有一些人会注意力下降，记忆力减退，等等。其实他们不知道这实际上是抑郁或焦虑情绪的表现。

所以说，要想获得幸福，我们必须随时随地学会调节自己的情绪，如何调节，要根据个人的情况而定。有些专家给我们列出了下面一些调节措施，值得关注。

一是意识控制。当愤愤不已的情绪即将爆发时，要用意识控制自己，提醒自己应当保持理性，还可进行自我暗示："别发火，发火会伤身体"。有涵养的人一般能做到意识控制。

二是自我鼓励。用某些哲理或某些名言安慰自己，鼓励自己同痛苦、逆境作斗争。自我鼓励，会使你的情绪好转。

三是语言调节。语言是影响情绪的强有力的工具。当你悲伤时，朗诵滑稽的语句，可以消除悲伤。用"制怒""忍""冷静"等自我提醒、自我命令、自我暗示，也能调节自己的情绪。

四是环境制约。环境对情绪有重要的调节和制约作用。情绪压抑的时候，到外边走一走，能起调节作用。心情不快时，到游乐场玩玩游戏，会消愁解闷。情绪忧虑时，最好的办法是去看看滑稽电影。

五是安慰。当一个人追求某项目标而达不到时，为了减少内心的失望，可以找一个理由来安慰自己，就如狐狸吃不到葡萄说葡萄酸一样。这不是自欺欺人，偶尔做为缓解情绪的方法，也是很有好处的。

六是转移。当火气上蹿时，有意识地转移话题或做其他事情来分散注意力，便可使情绪得到缓解。打打球、散散步、听听流行音乐，也有助于转移不良情绪。

七是宣泄。遇到不愉快的事情及委屈，不要埋在心里，要向知心朋友或亲人诉说出来或大哭一场。这种发泄可以释放内心郁积的不良情绪，有益于保持身心健康，但发泄的对象、地点、场合和方法要适当，避免伤害别人。

八是幽默。幽默是一种特殊的情绪表现，也是人们适应环境的工具。具有幽默感，可使人们对生活保持积极乐观的态度。许多看似烦恼的事物，用幽默的方式面对，往往可以使人们的不愉快情绪荡然无存，立即变得轻松起来。

现实生活告诉我们，一个人的情绪如果能得到有效调控，幸福自然不会遥远。

让自己精力充沛

现实生活中，不是每个人都能精力充沛，更不是每个人都可持续如此。由于各种原因，人们会觉得生活乏味、心情抑郁、行动懒散，对周围漠不关心。很明显，没有足够的精力，要完成想要或需要做的事情定会非常困难。

因此，在自我改善的过程中，增强体能和增强智能同等重要。因为，它提供了我们工作所需的大部分精力。也许有人会说，智力提高可以使我们精力充沛。但为什么不增强你的体能，使你的精力最大化呢？

在现代社会中，激烈的社会竞争，快速的生活节奏，导致人们的社会生存与发展压力很大。尤其是职业经理人阶层，在高压力、高竞争的工作环境下，备受煎熬。曾经有机构做过职业经理人压力大调查，结果表明生存状况堪忧。在这样的情况下，保持旺盛、充沛的精力，对于职业经理人来说至关重要。

然而，如何才能保持精力充沛呢？作者综合自己的体验，总结其秘诀有三条，在此分享给各位。

1. 拥有高质量的睡眠

怎样才能拥有高质量的睡眠？关键是要有"熟睡的能力"。熟睡与浅眠是有区别的。为什么有些人在工作强度不大，压力也不是很大的情况，经常会感觉精力不足呢？而有的人却可以连续高强度地工作？为什么很多明星、学者、经理人或企业家，即使日夜兼程，也丝毫不会感到疲惫，始终保持着旺盛的精力？当被问及"保持精力充沛的秘诀"时，他们中的大多数都会不约而同地回答："睡眠"。尤其是一些明星艺人，几乎没有一天不在电视、杂志上现身，有的甚至通宵达旦地拍戏。就是在这种忙着拍片的不规律生活中，他们往往掌握着在任何环境下都能熟睡的"绝技"。而经常感觉困倦的人，往往是睡眠太浅。

睡眠分两种模式，在整个睡眠过程中交替出现：一种是浅睡眠，睡眠期间眼球转动很活跃，还会做梦；另一种是深睡眠，睡眠期间眼球静止不动，也叫熟睡眠。理想的睡眠因人而异，各个年龄段也不尽相同。所以无须追求长时间的睡眠，只要白天神清气爽，就说明睡眠充足了。

如何拥有高质量的睡眠？为了拥有高质量的睡眠，有几个值得注意的问题：

一是饮料。咖啡中的咖啡因在 30 分钟后开始提神，并持续 4 ~ 5 个小时。因此，晚上睡眠不好的人士，以午饭后喝咖啡为宜。之后可选择不含咖啡因的花草茶等饮料。睡眠不足的人，可以考虑睡前吃一些带催眠效果的食物，如食醋、糖水、牛奶、橘橙类水果，面包、莲子、葵花籽等。当然还可以制作促眠饮料（取洋葱 100 克切片，浸泡在 600 毫升烧酒中，1 周后取出，洋葱酒 10 毫升、牛奶约 90 毫升、鸡蛋 1 个、苹果半个榨汁进行调和后，于睡前 30 分钟饮用）。

二是体温。睡意只有在体温下降时才会出现。因此，白天尽可能多地活动，让体温上升，晚上体温就能顺利地下降，变得更容易入睡。

三是泡脚。这也是提升睡眠质量的方法，要点是水温和时间适宜。泡脚的水温以 38 度 ~ 40 度为宜。虽说这个温度有些人并不觉得暖和，但这种舒适感会促进睡眠。泡脚的时间以睡前 1 小时左右为佳。

四是思绪。躺到床上后，就要把各种思绪都放到一边。很多人认为一旦深度睡眠，大脑就不运作了。事实上，睡眠是心灵的保养时间。在较浅的睡眠中，清醒时搜集到的信息才会被分为必要的和不必要的，而只有必要的信息才会被作为记忆保存。有一种解释说，梦是由回忆的"碎片"编织而成的，用来发泄现实中无法消除的压力。此外，思虑重重地入睡，还会加深眉间皱纹。据说皱纹往往是睡眠中形成的。消除杂念地入睡，与保持年轻有很大关系。请养成"上床后不想心事"的好习惯吧。

五是睡眠时间。虽然不提倡睡懒觉，但一定要确保睡眠酣畅，其标准就是要有合理的睡眠时间，这样才能为肌肤与身体充电。请记住，保证精力充沛的捷径，是充足的睡眠。正常来说，每天保持 6 小时的睡眠，都是足够且合适的。

六是午休。每天中午小睡 15～30 分钟，对保持精力有着极佳的效果。当然，小睡也要注意以上几个要点，如小睡前不喝提神饮料，把思绪放一边等。只有这样，小睡的质量才高。

2. 活跃一天"精神"

一要早起喝一杯水。经过一整夜的睡眠，身体已经缺水，起床后喝一杯白开水（250 毫升左右），既可以补充水分，又可以辅助排毒。水的温度也有讲究，夏天最好与室温相同，冬天则宜喝温水，过冷和过热的水都不适宜早上喝。

二要早餐营养配。早餐是大脑活动的能量来源，如果不吃早餐，人体内就没有足够的血糖供消耗，人就会无精打采，感到疲劳，注意力不集中。

三要上班防脱水。从清晨到上班的过程，时间是很紧张的，身体容易出现脱水现象，因此到公司先喝一杯白开水最好。

四要餐前吃水果。到了上午 10 点，早餐的能量已经消耗了一部分，补充一些水果是不错的选择。例如，香蕉、猕猴桃、苹果、葡萄、橘子等。

五要饮料来提神。到了下午 2 点，人们会产生疲劳感，喝一杯清茶或者一杯咖啡是不错的选择。

六要果汁补糖分。下午 4 点，是人体中葡萄糖含量的最低点，喝一杯果汁可以让你精力充沛。

3. 保持"体内年轻"

人体内存在着能将 125 岁缩短数十岁、加速老化的因子——活性氧。活性氧，是指含有氧原子的分子或自由基，也称氧自由基。

呼吸时，空气中的氧进入人体后会有 2% 左右变成活性氧。少量的活性氧有助于击退人体内的病毒，而且健康的人体内也具备一套清除活性氧的系统，以保持自身年轻。

然而，当体内活性氧因压力、紫外线等原因骤增时，多余的活性氧就会攻击身体细胞，使其如铁生锈一样被"氧化"，造成损伤和病变，加速人体衰老，导致血液流动不畅、内脏功能减退、大脑衰退等身体各器官的老化现象。

压力过大时，交感神经兴奋引起血管收缩，当压力解除、血管舒张时，血液中的活性氧就会急剧增加。过量饮酒后，肝脏分解酒精的过程中会产生大量的活性氧。肥胖的人体内含较多容易氧化的脂肪，所以更容易受活性氧的影响。汽车尾气、大气污染、电脑辐射、快节奏的生活等都会促生活性氧。

因此，保持"体内年轻"，就是一个抗氧化的过程。

总之，要保持精力充沛，除了在睡眠、饮食各方面多加注意外，最重要的是保持好心情。有研究表明，好心情能提高身体的免疫力。好的心情，是积极开朗的保证。现代社会中，总有许多不如意的事情，事事烦恼，人将不堪其忧。为此，豁达些，让心情保持舒畅，非常重要。

力量的秘密在于专注

专注贵在自知：做最擅长的事；专注贵在专一：把一件事做到最好；专注贵在执着：不达目的不罢休；专注贵在自信：相信付出终有回报。

你只要清除心中的一切杂念，清除得干干净净，只有一个目标，那你就可以对准你的目标向前挺进了。

专心地做好一件事，就能有所收益，能突破人生困境。

一个人的精力是有限的，把精力分散在好几件事情上，不是明智的选择，而是不切实际的考虑。在这里，我们提出"一件事原则"，即专心地做好一件事，就能有所收益，能突破人生困境。这样做的好处是不至于因为一下想做太多的事，反而一件事都做不好，结果两手空空。

想成大事者不能把精力同时集中于几件事上，只能关注其中之一。也就是说，我们不能因为从事分外工作而分散了我们的精力。

如果大多数人集中精力专注于一项工作，他们都能把这项工作做得很好。

在对一百多位在其本行业获得杰出成就的男女人士的商业哲学观点进行分析之后，有人发现了这样一个事实：他们每个人都具有专心致志和明确果断的优点。

做事有明确的目标，不仅会帮助你培养出能够迅速作出决定的习惯，还会帮助你把全部的注意力集中在一项工作上，直到你完成了这项工作为止。

最成功的商人都是能够迅速而果断作出决定的人，他们总是首先确定一个明确的目标，并集中精力，专心致志地朝这个目标努力。

伍尔沃斯的目标是要在全国各地设立一连串的"廉价连锁商店"，于是他把全部精力花在这件工作上，最后终于完成了此项目标，而这项目标也使他成为了成大事者。

李斯特在听过一次演说后，内心充满了成为一名伟大律师的欲望，他把一切心力专注于这项目标，结果成为美国优秀的律师之一。

伊斯特曼致力于生产柯达相机，这为他赚了数不清的金钱，也为全球数百万人带来无限的乐趣。

可以看出，所有成大事的人，都把某种明确而特殊的目标当作他们努力的动力。

专心就是把意识集中在某一个特定欲望上的行为，并要一直集中到已经找出实现这个欲望的方法，并将之付诸实际行动为止。

自信心和欲望是构成成大事者的"专心"行为的主要因素。没有这些因素，专心致志的神奇力量将毫无用处。为什么只有很少数的人能够拥有这种神奇的力量，其主要原因是大多数人缺乏自信心，而且没有什么特别的欲望。

对于任何东西，你都可以渴望得到，而且只要你的需求合乎理性，并且十分热烈，那么"专心"这种力量将会帮助你得到它。

假设你准备成为一个优秀的作家，或是一位杰出的演说家，或是一位优秀的商界主管，或是一位能力高超的金融家。那么你最好在每天就寝前及起床后，花上十分钟，把你的思想集中在这个愿望上，以决定应该如何进行，才有可能把它变成现实。

当你要专心致志地集中你的思想时，就应该把你的眼光望向一年、三年、五年甚至十年后，幻想你自己是这个时代最有力量的演说家；假设你拥有相当不错的收入；假想你利用演说的金钱报酬购买了自己的房子；幻想你在银行里有一笔数目可观的存款，准备将来退休养老之用；想象你自己是位极有影响的人物，假想你自己正从事一项永远不用害怕失去地位的工作，唯有专注于这些想象，才有可能付出努力，美梦成真。一次只专心地做一件事，全身心地投入并积极地希望它成功，这样你的心里就不会感到筋疲力尽。不要让你的思维转到别的事情、别的需要或别的想法上去。专心于你已经决定去做的那个重要项目，放弃其他所有的事。

把你需要做的事想象成是一大排抽屉中的一个小抽屉。

你的工作只是一次拉开一个抽屉，令人满意地完成抽屉内的工作，然后将抽屉推回去。不要总想着所有的抽屉，而要将精力集中于你已经打开的那个抽屉。一旦你把一个抽屉推回去了，就不要再去想它。

了解你在每次任务中所需担负的责任，了解你的极限。

如果你把自己弄得筋疲力尽和失去控制，那你就是在浪费你的时间。选择最重要的事先做，把其他的事放在一边。做得少一点，做得好一点，才能在工作中得到更多的快乐。

可以看出，专心的力量是多么神奇！在激烈的竞争中，如果你能向一个目标集中注意力，成功的机会将大大增加。

在认准的事情上较真

面对困难，我们一定要勇往直前，用勇士的姿态直面困境，坚持不懈地追求梦想，成就人生的辉煌，成为生活的强者。不是煎熬，不是损耗自我，而是认定了目标就不再犹豫。

任何一个人，如果连一点耐心和坚持都没有，那必然很难有所成就，除非他真的是天才！而事实上，那些有成就的天才，他们之所以能有常人不及的成就和收获，同时也是因为他们具有常人所不及的耐心和坚持品质。没有一株花草，不坚持、无耐心，就能收获果实；没有一棵树，不坚持、无耐心，就能成长为参天大树。

成功往往就在于再坚持一下的努力之中。决心获得成功的人都知道，进步是一点一滴不断地努力得来的。坚持、坚持，再坚持，是实现目标的必要心志，成功往往就在于再坚持一下的努力之中。

日本的名人市村清池在青年时代担任富国人寿熊本分公司的推销员，每天到处奔波拜访，可是连一张合约都没签成。因为保险在当时是很不受欢迎的一种行业。保险业又没有固定薪水，只有少数的车马费，就算他想节约一点过日子，仍连最基本的生活费都没有。到了最后，已经心灰意冷的市村清池就同太太商量准备连夜赶回东京，不再继续拉保险了。

此时他的妻子却含泪对他说："一个星期，只要再努力一个星期看看。"

第二天，他又重新鼓起精神到某位校长家拜访，这次终于成功了。后来他曾描述当时的情形说："我在按铃之际之所以提不起勇气的原因是，已经来过七八次了，对方觉得很不耐烦，这次再打扰人家一定没有好脸色看。哪知道对方那个时候已准备投保了，可以说只差一张契约还没签而已。假如在那一刻我就这样过门不入，我想那张契约也就签不到了。"

在签了那张契约之后，又接二连三有不少契约接踵而来，而且投保的人也和以前完全不相同，都是主动表示愿意投保，许多人的自愿投保给他带来无比的勇气与精神，在一月内他的业绩就一跃成为富国人寿推销员中的佼佼者。

也许你不比别人聪明，也许你有某种缺陷，但你却不一定不如别人成功，只要你多一份坚持，多一份忍耐。

有这样一则寓言：

两只青蛙觅食中，不小心掉进了路边一只牛奶罐里，牛奶罐里还有为数不多的牛奶，但是足以让青蛙们体验到什么叫灭顶之灾。

一只青蛙想："完了，完了，全完了，这么高的一只牛奶罐啊，我是永远也出不去了。"于是，它很快就沉了下去。另一只青蛙在看见同伴沉没于牛奶中时，并没有一任自己沮丧、放弃。而是不断告诫自己："上帝给了我坚强的意志和发达的肌肉，我一定能够跳出去。"它每时每刻都在鼓起勇气，鼓足力量，一次又一次奋起、跳跃——生命的力量与美展现在它每一次搏击与奋斗里。

不知过了多久，它突然发现脚下黏稠的牛奶变得坚实起来。原来，它的反复践踏和跳动，已经把液状的牛奶变成了一块奶酪！不懈地奋斗和挣扎终于换来了自由的那一刻。它从牛奶罐里轻盈地跳了出来，重新回到绿色的池塘里，而那一只沉没的青蛙就那样留在了那块奶酪里，它做梦都没有想到会有机会逃离险境。"继续走完下一里路"的原则不仅对别人很有用，当然对你也很有用。

决心获得成功的人都知道，进步是一点一滴不断努力得来的。例如，房屋是由一砖一瓦堆砌成的；足球比赛的最后胜利是由一次一次的得分累积而成；商店的繁荣也是靠着一个一个的顾客造成的。所以每个重大的成就都是一系列的小成就累积成的。按部就班下去是实现任何目标唯一的聪明做法。最好戒烟方法就是"一小时又一小时"坚持下去。有许多人用这种方法戒烟，成功的比例比别的方法高。这个方法并不是要求他们下决心永远不抽，只是要他们决心不在下一个小时抽烟而已。当这个小时结束时，只需把他的决心改在下一小时就行了。当抽烟的欲望渐渐减轻时，时间就延长到两小时，又延长到一天，最后终于完全戒除。那些一下子就想戒除的人一定会失败，因为心理上的感受拒绝不了。一小时的忍耐很容易，可是永远不抽那就难了。想要实现任何目标都必须按部就班做下去。对于那些初级经理人员来讲，不管被指派的工作多么不重要，都应该看成是"使自己向前跨一步"的好机会。

教授每一次的演讲，科学家每一次的实验，都是向前跨一步，更上一层楼的好机会。

有时某些人看似一夜成名，但是如果你仔细看看他们过去的历史，就知道他们的成功并不是偶然得来的，他们早已投入无数心血，打好坚实的基础了。那些大起大落的人物，声名来得快，去得也快。他们的成功往往只是昙花一现而已，他们并没有深厚的根基与雄厚的实力。

富丽堂皇的建筑物是由一块块独立的石块砌成的，石块本身并不美观。你构筑成功生活的心态也是如此。

诱惑太多，执着不容易，初入社会，真的不要被浮躁架空，真的不要目光短浅，就算暂时沉在基层，只要工夫到了，积攒到更多的能量，一定可以高飞。

痴迷铸就卓越

古希腊哲学家泰勒斯因专注于天上的繁星，不慎跌入深坑。这看似愚蠢的行为，招来了人们的不解与嘲笑。其实，一个人只有自由探索精神，抱有痴迷的态度，才能成就卓越。

放眼古今中外，在学术、研究，道德上有建树的人，往往有对事业的痴迷和执着。如果将人的一生所要完成的事业化作一艘轮船，那么痴迷的态度，或者是专注的精神，则是轮船坚实的钢板，勤奋、创新、智慧等其他，知识是助力轮船加速航行的辅助，必不可少的辅助。

如果你对一项工作用心到了"痴迷"的程度，那这个世界上就再也没有什么事可以阻挡你的成功。

牛顿指出："非凡的投人才会有非凡的成就，这是一条永恒的真理。"

如果你对一项工作用心到了"痴迷"的程度，那这个世界上就再也没有什么事可以阻挡你的成功。

英国细菌学家欧立然，在研制消灭人体内的锥虫、螺旋体病原虫的药物过程中，经常几个晚上彻夜不眠，实在困了，便用书本当枕头，和衣躺在实验室的长椅上稍睡片刻，然后又投入紧张的工作，最后，终于制出六〇六药物。美国大发明家爱迪生，在发明各种电器设备的过程中，也是经常彻夜不眠，困了就伏在椅子的扶手上睡一下，醒了又继续进行研究。德国的细菌学家柯赫，在研究细菌的生命代替规律时，往往用劈柴当枕头，日夜不停地进行致密的科学观察。

　　诗人马雅可夫斯基在"多斯塔之窗"写作时，夜以继日，工作非常紧张。疲倦时，他常常用劈柴当枕头，使自己不至于睡得过久。正因为这样，他们赢得了比常人多得多的时间，做出了比常人大得多的贡献。

　　大科学家牛顿有一次请人吃饭，客人已经到了，仆人把饭菜摆上桌，可迟迟不见主人的踪影：原来牛顿又躲进实验室做他的实验去了。一进入科学的天地，牛顿就忘记了外界的一切。客人只好自己吃完饭告辞走了。他直到得出了满意的实验结果之后才走出实验室，来到餐厅，当他看到客人吃剩的骨头，恍然大悟道："我还以为该吃饭了呢，原来我早已吃过了！"正是这样一种"痴迷"的精神才使他全身心地投入科学研究，成为历史上最伟大的科学家，经典物理学的奠基人。

　　黑格尔说："只有那些永远躺在坑里永不仰望高空的人，才不会掉进坑里。"而那些人，也注定无法拥有探索，发现的潜质，终其一生，碌碌无为。

第三章　告别无谓的忧虑

庄子曰："人之生也，与忧俱生"。但凡人生，总不免忧国、忧民、忧亲、忧己。但忧虑也有高低之分。"先天下之忧而忧"既为大忧大虑，于强者是催人奋发、造福民族的动力。而有些忧虑的确没有多大必要，可它却困扰着不少人，甚至影响到身心健康。所以著名博士亚力西斯·柯瑞尔说："不知道怎样克服忧虑的人，都会难以长寿。"

既然忧虑的后果如此严重，那么，我们何不积极地克服忧虑，消除忧虑呢？

把忧虑从生活里拿走

有一天，死神在一个城市漫步，遇见了一个人，那人问死神："你来做什么？"死神回答："我打算在某月某日前夺取此城里一万个人的性命！"

那人一听，慌忙四处奔走相告。期限到后，那人又遇见死神，生气地问他："你不是说要夺取一万个人的性命吗？为什么到今天为止已经死了七万人呢？"

死神说："罪不在我。我真的只要夺取一万个人的性命。另外六万人是死于忧虑和恐惧啊！"

生活中，各种名利的折磨，难免会让人们的心情也变得难以控制。人们总是希望，不管能不能升官，也不管能不能发财，起码能有一个好的心情就可以了。但面对现实，很多人总是逃脱不了忧虑的折磨。我们究竟该如何面对生活中不尽的忧虑呢？

美国心理学家罗兰德的一项治疗忧虑的措施很独到。他不是让忧虑者不去忧虑，而是让忧虑者来个"欲擒故纵"，每天拿出一段时间专门进行忧虑，即"用忧虑战胜忧虑"。专家们发现，尽情地忧虑一段时间，更能消除忧虑。

因此，心理学家建议，每天可以专门用 30 分钟的时间来忧虑，这段忧虑的时间不要坐自己平时常坐的座位，以免以后一坐这个座位就产生忧虑，也不要把专门忧虑的时间安排到晚上睡觉前，以避免影响睡眠。

在专心忧虑的时候不能"偷工减料"，要保证时间，专心致志。这样做的结果是，人往往不能一门心思地去忧虑，逐渐地，忧虑便悄然离去。

其实，生活中，我们要从多方面看待问题，如果只从一个角度来看，可能会引起消极的情绪。如果从另一角度来看，就可能发现它的积极意义，从而使消极的情绪转化为积极的情绪。因为事情常有两面理，是是非非，得得失失，总是我中有你，你中有我，何必非把一件事情想得那么糟糕？正所谓"横看成岭侧成峰"。凡事只要换个视角，常常会看到另一番情景，何愁不能转忧为喜？

在快节奏的大都市生活中，如果我们真诚地环顾四周，会发现不少人的内心深处似乎都隐藏着莫名地焦灼和忧虑。这种"忧虑感"令人身心疲惫，使笑脸背后的神经绷得紧紧的。虽然不同指向的忧虑并不总是以它的灰暗呈现在生活的表面，但它更像阴冷的画笔，给本该明净的生活画上了无数若有若无的暗影。

忧虑后面潜伏着人类的恐惧。现代医学早就证明，人类心灵的最大杀手不是罪恶、不是悲痛，而是恐惧。如果说人生就是一场与恐惧较量的持久战，那么忧虑则是敌方的利器。人们为未来的健康和财富担忧，害怕失业、害怕破产、害怕贫穷、害怕各种会影响和破碎生活的事情发生。

虽说喜、怒、忧、思、悲、恐、惊乃人之七情，但有一位了不起的女性却告诫我们："不要让忧虑占据我们的生活！"她17岁时嫁给了一位38岁的律师，后来，她因丈夫病逝足足守了13年寡。而含辛茹苦的回报是，6个孩子中有3个在中年时离她而去。她还经受了惨烈的战地轰炸，逃亡的危险以及疾病的折磨。可以说，她经历了一个妇女所能经历的全部人生苦难，但是她的精神却始终没有被击垮！快乐的天性依然。她喜欢游戏，会发明一些娱乐节目，她还有编故事的才能，所编故事新奇而有趣，常讲给周围的人听，引得人们开怀大笑。她还将这样的天赋遗传给了她的大儿子——约翰·沃尔夫贡·冯·歌德，这个名字如今早已是人类文明的一座灯塔。

如果我们再次阅读她的文字，解析她的生活哲学，就会明白她的快乐所在："我之所以快乐，是因为我心中的信念之灯没有熄灭。我不断求索生命中的喜乐平安，如果门太矮，我会弯下腰，如果石头挡道，我会动手挪开它或者换一条路走……我从每天的生活琐事中找到快乐。"由此，我们明白了为何她家总是挤满了年轻人。岁月留下的痕迹丝毫未能减损她的魅力。除了有一颗年轻的心，还有她的"快乐处方"——可以随时医治现代人的焦虑和不安。

曾听老师讲过这样的故事：一位深感忧虑的妇女想通过旅行来摆脱痛苦的阴影。她走了很多地方，但忧伤的情绪却如影随形，挥之不去。有一天，她来到一座城市，由于旅途劳顿，她走进路边的一座小屋内休息。那里空无一人，非常安静。小屋的墙上挂着许多艺术家的作品。这些艺术家生前都曾经历过苦难和悲痛，他们的作品描述的是一位受难者，以及他伟大的同情心和牺牲精神。在这个安静的小屋内，一种前所未有的宽恕和爱的情怀在她心中油然而生，她决定帮助那些和她一样在忧伤中度日的人们。在家乡，她建造了一座木屋，称之为"安静之所"，里面同样也挂着艺术家的同类作品。没有音乐，没有广告，也没有解说。那些满怀忧虑、身心疲惫的人纷纷来到这个小屋，努力使自己安静了下来，在这里学习放下心灵的重担，学习聆听内心、聆听他人，学习爱和被爱……

如果将生命切割成以一天为单位来计算，而一天又是如此快速地逝去，我们有什么理由怀抱昨天留下的怨愤和对明天的忧虑，把短暂而又奇妙的今天虚度？我们应求得今天需要的精神和肉体的食粮，为今天所拥有的一切——面包、健康、工作、亲情而心存感激。

懂得感恩和付出的人通常离忧虑最远。有一个相关统计：在每周有一天或一天以上的时间参加义工服务的人群里，发生不良情绪的比例最小，一些癌症俱乐部成员的快乐指数要远远超过许多年富力强、衣食无忧的健康人。其实，美国总统林肯早就说过："大多数人能活得快乐是在于他们的选择。"在简单生活中找到快乐；在帮助他人中得到快乐；在忘却仇恨中找到快乐。

这就是说，大凡作出这样选择的人，是可以克服忧虑而走向快乐和幸福的人。

学会自我肯定

在现代生活中，几乎每个人都感受到压力太大。随着文明的进步，社会的多元化，个人要扮演的角色愈来愈多，在工作场合，你可能是主管、老板、员工、别人的同事，或是某社团的会员、委员、领导者。信息的发达使我们的触角越来越广，时间和精力却也被分割得越发琐碎。然而，社会价值与规范赋予每种角色特有的要求并未减少。因此人们常在无法兼顾，又不得不扮演好各种角色的情况下，承受极大压力。这就是工作中忧虑重重的成因。

要使工作出色，事业成功，我们必须消除工作中的这些忧虑。著名诗人席慕蓉说过："人的成长就是一次次地遭遇创伤或挫折，以及一次次地对创伤或挫折进行修复的过程。"其实我们每一次对创伤或挫折进行修复的过程，既是习得战胜困难和消除障碍方法的过程，也是追求高峰体验或自我实现的过程，当然也是提高生命质量的过程。我们常说"经风雨见世面"，其实就是经历困难、障碍和挫折，并在困难、障碍和挫折之中学会"执着于所做的事，感觉生命在自己的掌握和控制之中，将困难、障碍和挫折看作是挑战而不是威胁。"

那么怎样才能做到这些呢？首先要改变自己思想、观念和态度。阿德勒天生体质虚弱、身形佝偻，但他自强自立，终成自我心理学界的泰斗。富兰克林胆小如鼠，说话口吃，他到落基山脉通过赶牛奔跑以及猎熊来增加自己的胆量，把口吃当作战斗的嘶鸣，终于使他登上了美国总统的宝座。埃莉诺·罗斯福从小没了母亲，父亲是一个花花公子，七岁以前以捡垃圾为生，七岁之后她性情乖戾，撒谎，偷盗，厌恶他人。但后来通过自我转变成为著名的《我的日子》的专栏作家。她在民主、同情和人类福利方面做出了卓越的贡献……

我们可以从很多很多的事例中明白这样一个道理：每个人都是可爱的，当然也包括我们自己。每个人都可以拥有幸福、愉悦、快乐和爱，但是我们必须转变自己的思想、观念和态度。所以，过去并不能左右我们，关键是现在。放弃过去，一切重新开始，从头做起，当我们迈出新的一步的时候，我们周围的人就会以欣赏的目光看待我们，进而促使我们重新找回自己的尊严和自信。

在这个世界上天外有天，人外有人，把我们放在其中绝对是比上不足，比下有余。所以我们应该懂得自得其乐，自己欣赏自己，始终抱定"天生我才必有用"的信条，扬长避短，勤奋努力。

具体到实际工作中，忧虑主要来自工作量多与工作要求高等因素，尤其当得到的报酬与个人的付出不成比例时，更容易觉得不公平，压力感也相对增大。

另外，人际关系不良也是导致忧虑的另一因素。由于许多工作讲求团队合作，所以，若与团队中的其他成员无法愉快相处，便会直接影响工作的顺利进行，情绪受影响之后，压力也随之而来。

因此，要消除工作中的忧虑，首先要学会自我肯定。不能自我肯定的人就是自我价值感较低的人，这种人非常在意别人的看法，对于别人的评价很敏感，人家一两句负面的话语就会觉得自己"一无是处"，因此非常不喜欢自己，常认为自己被伤害，常怨天尤人，怨恨自己不如人。不能自我肯定的人生活得很辛苦，即使完成了十件事，有两件事不被赞许，他也会被后两件事所带来的不良情绪所笼罩，完全忽略另外八件事带来的喜悦。此外，不能自我肯定的人也因害怕得不到肯定而经常患得患失，容易处在忧郁、焦虑不安及自责中，因此压力自然很大，情绪也随之忧虑。

其次，不过于追求完美是消除忧虑的另一个好方法。追求完美的人把每件事的标准都定得很严，原本只需一两个小时就可以完成的工作，往往为求尽善尽美，而多花了好几个小时的时间。生命给每个人的时间是固定的，并不会因为谁追求完美而给予更多的时间。因此，为了解决时间不足的问题，有些人只得选择牺牲下列时间如睡眠、与家人相处、运动、休闲等时间，从而导致长期失眠，缺乏与家人相处的时间，终年处于紧绷状态。试问，长期睡眠不足的人情绪会好吗？经常处于紧绷状态的人压力能不大吗？不常与家人相处的人会快乐吗？因此，对事情要求太高的人往往不容易得到幸福快乐，反而焦虑重重。

许多人认为做事要尽善尽美，因此常忧虑不能把事情做好，所以每件事都构成很大的压力。例如，第一次演讲，总希望不但能把内容准备充分，而且希望能表达得很精彩。然而，往往越想做好，压力越大，结果往往由于过度紧张，讲得结结巴巴，内容结构也七零八落。事实上，没有人第一次演讲就能讲得很完美，第一次很难讲好，第二次就会好一些，慢慢地，就更能掌握状况。所以，每做一件事情都应抱着先"有经验"，再逐渐变"好"的心态。而且不要为了想有一次完美的出击而驻足不前，应常提醒自己，越早尝试，就能越早开始积累丰富的经验。以这样的态度处事，我们的情绪就不会那么紧张，压力感也就不会那么大。

最后，在工作中要常存感恩之心。感谢上司，感谢同事，也感谢下属，有了这样的心态，自然忧虑就少了，生活也会变得愉快而幸福。

通过忙碌消除忧虑

在一本名为《人性的优点》的书中，作者说消除忧虑的最好办法，就是让自己忙碌起来，尽量去做有意义的事情。

记得书中有这样一个故事：成人教育班上的一个学生马利安·道格拉斯失去了五岁大的女儿，那是一个乖巧伶俐的孩子，他和妻子都觉得无法承受这样沉重的痛苦。也许上帝对他生了悲悯之心——十个月之后，夫妻俩又有了一个小女儿——但令人崩溃的是，小女儿竟然只活了五天就离他们而去。"接踵而来的打击，让我无法承受"这位父亲说："我坐卧不宁、辗转反侧、精神恍惚，这样的打击让我的人生失去了意义。"

最后他决定到医院接受诊治。一个医生给他开了安眠镇静药，他试了试，作用不大。另一个医生建议他以旅行的方式求得内心平静，减缓痛苦的侵袭，可仍不能让他忘怀失去至亲的伤痛。

马利安说："我好像被一把巨钳越夹越紧，无法摆脱。"那种悲哀、麻木将他压得透不过气，让他无法自拔。

然而，最终解除他忧虑的却是他的小儿子。请听他的述说："那是一个下午，我枯坐在那里，正在悲伤难过，我儿子过来问我'爸爸，给我做条船好吗？'我哪有什么做船的兴致，事实上，我已万念俱灰，丧失了一切动力。可我儿子缠着我，誓不罢休，这个执着的小子，我终于拗不过他，开始了一条玩具船的制作。大概三个钟头的样子，船顺利做成了。我忽然发现，摆弄船的那三个小时，是我好多个月以来最平静最放松的时间。这个惊人的发现之所以让我震惊，不但因为它使我从混沌中惊醒，更因为事实使我明白了人生重要的道理，这是我几个月来第一次开始思想。我认识到，如果有那么多需要周密计划、认真思考的事情让你忙得不可开交，就很难抽出时间去怨天尤人了。对我自己，建造那条船的事情已经占据了我的全部身心，无暇顾及其他了。想到这么一个好办法能够击退沉郁的心情，我决定让自己立刻忙起来。"

心理学家说，无论多么聪明的人，心里也无法同时容纳两件事情。这是一个很有用的建议，当你心中充满忧虑烦恼的时候，不妨保持忙碌，转移你的注意力，这可以帮助你尽快从牛角尖中走出来。

有一位大学生刚来上课的时候，看起来总是很忧郁，当时人们并不知道他发生了什么事情。过了一段时间他才透露，原来他来上课时刚和交往多年的女友分手，而且是对方另结新欢，主动要求分手，让他觉得被挚爱的人背叛，心里很难过。

每当他想起和女友甜蜜幸福的往事，整个人就陷入痛苦的回忆，又想到她和别人在一起的场景，心里就充满愤怒和不平。有好长一段时间，他对什么事情都没有兴趣，做什么都心不在焉。

后来，他在卡内基教室里学到"保持忙碌"是驱逐忧虑最有效的良药，决定回家后试试看。他拿出之前闲置很久的拼图，那幅拼图有好几百片颜色相近的小拼片，需要保持高度的注意力才能拼成一幅完整的图画。他发现，整个下午拼图完全占据了他的心思，他第一次超过3个小时没有想起失恋这件事情。当他看到自己完成的拼图，心里充满了成就感，快乐的感觉逐渐驱走了情场失意的忧虑。他就这样借着玩拼图让自己保持忙碌，逐渐摆脱了失恋的沮丧。

忙碌是一种幸福，让你无暇体会痛苦，不断超越自我。疲惫是一种享受，让你不觉得生活空虚，懂得珍惜拥有。

世上有三种东西无法挽回：一是泼出去的水，二是流逝的时间，三是错过的机遇。我们总是处在不停的忙碌之中，任谁都无法挽留流逝的时间，但在有限的生命时光中都希望寻找到属于自己的人生机遇。所以，人人都害怕停滞，害怕死寂。闲下来无所事事，没有精神活动，是一种丧失。而忙碌是生命之所以存在的证明。子贡倦于学，告仲尼曰："愿有所息。"仲尼曰："生无所息。"有事情做的人和肯努力做事情的人才有成功的可能。

正如苏芮在歌中所唱"也许有了伴的路，今生还会更忙碌"。我们一直为了更美好的生活而奋斗，为了家人的幸福而忙碌。努力忙着自己的事情，无论是做琐碎小事的平凡人，还是干大事业的强者，都在向着心中那个既定的目标前进，无暇去想其他事情，心中只有一个目标，追求永无止境。

尽量让自己保持忙碌的状态，就是让自己的身体和心灵保持活跃，让自己充满欢乐。不要用看小说和上网来麻醉自己，只要灵感一闪现，马上就去做。要养成今日事今日毕的好习惯，否则你会被堆积如山的事情压得喘不过气来，而且会感觉越来越挫败，自己越来越颓废，天天什么都没做。不管发生什么，让自己忙碌起来；不管别人怎么说，让自己忙碌起来。快乐很快就会回到你的身边，今天虽然工作不是很忙，但是要让自己的精神忙碌起来。

忙碌的人一般也健康长寿。据英国媒体报道，英国老太太菲丽丝·塞尔夫是英国年龄最大的"老板"，从1974年以来，她每天都朝九晚五地到自己名下的园艺公司上下班，处理日常事务，管理大约200名公司员工。即使菲丽丝2007年11月欢庆100岁生日时，她仍然没有为自己放假。菲丽丝称，尽管她已经百岁高龄，但她仍然没有任何退休的打算，因为她认为"保持忙碌"正是让她长寿的秘诀。

忙是一种追求。忙惯了的人，闲不下来。大事忙完了，他会关注细节。细节完美了，他会追求思想更进一步地统一。忙惯了的人，习惯了在纷杂的信息中抓住重点，及时决策，关注执行，这些是构成事业成功的重要因素。有了这样正向的关联，有了成功的因果效应，忙就变成了一代企业家、一代成功人士的追求。这种人看不得员工闲下来，不断地进行效率优化和人员优化，让团队始终保持着忙碌、紧张、紧凑的状态。

就像我们经常说的一样，等我赚到多少钱后就停下来。可看看那些成功人士，哪个停止了前进的步伐，单从物质层面讲已足以奢华几辈子的了，可精神追求会一直激励你、牵引你继续向前，牵引你为了大多数人而前进，造福社会和人类的生存才是有意义的生存。当你的忙碌被上升到这个层面后，你就真的永远停不下来了。

伟大的科学家巴斯德曾经提到过一种"在图书馆和实验室才拥有的平静。"平静为什么会在那两个地方找到呢？因为痴迷于图书馆和实验室的人通常都埋头于工作，醉心于研究，不会为其他事而担忧。有数据表明，科研人员通常不会出现精神崩溃的状况，因为他们没有时间，也没有精力来享受这种精神上的"奢侈"。

忘记了是谁说的话，要想让田地不荒芜，就在田里种上庄稼；要想让大脑不生锈，就在里面装满思想。为了做更幸福的自己，先让我们自己保持忙碌吧！

把过去的不快遗忘

每个人都经历过失败和痛苦，心中多少会留下一些酸楚的记忆，甚至是不堪回首的过去……我们需要总结昨天的失误，但我们不能对过去的错误和痛苦耿耿于怀，伤感也罢，悔恨也罢，都不能改变过去，不能使你更快乐，更完美。过去的都已过去了，将来的路还有很长。如果总是背着沉重的历史包袱，为逝去的流年感伤不已，那只会白白耗费眼前的大好时光，也就等于放弃了现在和未来。泰戈尔说过："错过太阳了，如果你还在流泪，那么你就要错过星星了。"

有一本书上这样写道：

人人都知道，过去的事情已经发生了，不可能改变。但是，我能够改变我的心，改变我对过去事件的看法。我重新给它一个理解和诠释，我重新赋予它正面的意义。我可以看清过去的痛苦只是我错误的认知，我也可以认出事件背后蕴涵的意义和礼物。

因为这样，无论外面的世界看起来多混乱，也能完全不受影响，反而能够用内心的平静来影响外面的世界。不管过去曾经发生过什么事，不管是我自愿的、被迫的或非我所愿的，完全不影响我清白纯朴、洁净无染的本质，我仍然是上天所创造的完美无瑕的我。

书里的话是写得很好，但要让过去的成为过去，继续前行，却不是一件容易的事。这个世界上，人们很多的愤怒、沮丧、痛苦和绝望都是因为缅怀于过去的伤害和问题。你越是在心里念叨着过去的那些事情，你越是感觉糟糕，那些事情会变得越沉重。

只有让过去的成为过去，继续前行，你才能卸下过去的包袱。

有一位妇人，丈夫因病去世，她失去了依靠，不得不出去找工作。她以分期付款的方式买了一部旧车，去为一家出版公司推销图书。

她工作辛苦，又孤独，又沮丧。她每天有一百个担心：怕付不出购车贷款、怕交不起房租、怕没有足够的食物吃、怕健康情形变坏而无钱看病……她觉得活着没什么希望，甚至想到自杀。

有一天，妇人阅读到一本书，看到了一句令人振奋的话："对一个聪明人来说，每天都是一个新的生命。"妇人细细品味这句话，忽然明白，自己一直活在昨天的不幸和明天的恐惧中，反而忽略了今天。这时候她才明白，昨天的痛，自己已经承受过了，有必要反复兑付吗？明天的痛，还没有到来，有必要提前结算吗？何不放下昨天的包袱和明天的烦恼，一门心思经营好今天？

记得小时候还读到过这样一个故事：圆心寺有个得道高僧，16岁离开父母出家修行。自出家以来，他每天青灯黄卷，早诵晚唱，晨钟暮鼓，感沾山水之灵气，吸佛道之精华，已经六根清净，俗尘不染，了却了一切尘缘。因高僧德高望重，一时间，使得圆心寺香客不断，来参禅解悟的人也络绎不绝。

一天，寺里来了一个青年，想了却尘缘，皈依佛门，在这里寻一份清净，找一方净土。青年跪在了高僧面前说："师傅，请收下我做您的徒弟吧。"

高僧看了看他，问道："你真的能了却尘缘？"

青年肯定地点点头。

高僧的心里突然闪出一个奇怪的念头，他不相信眼前这个青年能真的了却尘缘，一心向佛。于是，高僧拿出一个早已蒙尘的铜镜，递给青年，说："佛门净地，纤尘不染。既入空门，尘缘必了。这面镜子就像是你的心，如果能擦净，就请你再来。"

青年拿起铜镜跪别而去。回到家，净了身，燃了香，心无杂念，虔诚地拿起铜镜擦了起来。上面的浮尘轻轻一擦就掉了，然而，有几个黑色的印痕却怎么也擦不掉。于是，青年拿出一块磨石，打磨起来。就这样，青年起早贪黑打磨了半个月，铜镜终于光亮照人。

青年高兴地拿着铜镜又来见高僧。高僧看了看，摇摇头。

青年很是不解，问高僧："难道铜镜还没擦净吗?"

高僧微微笑道："你再用心地看看。"

青年拿起铜镜，看了又看，终于看见了一道印痕。这道印痕若隐若现，如丝线般在光亮的镜子上。青年的脸红了一下，接过镜子走了。

青年回到家里，依然孜孜不倦地磨那个镜子，无论春夏秋冬，从来没有停息过。为了心中的希望，青年的手早已磨出了厚厚的老茧，腰也坐得如弓一般难以直起。可是，直到那个铜镜被磨得薄如蝉翼，那个印痕还是没有被磨去。

青年不知道这印痕有多深，拿起镜子反过来一看，发现那个印痕已经透到了镜子后面。青年绝望了，他知道，镜子上的印痕无论如何也磨不掉了。他想，一定是高僧以为自己没有诚心，尘缘难了，才弄了这么一个镜子来暗示他。青年感到佛光消失了，心里的那盏灯也熄灭了，眼前一片黑暗。他不禁仰天长叹："佛啊，看来我今生是与你无缘了。"

而高僧正在打坐参禅，忽然感到眼前出现了两朵莲花，一朵含苞待放，还没有盛开就凋落了；而另一朵看似清净的莲上，却出现了一点污泥。高僧大吃一惊，想起了那个来拜师的青年，忙派人下山去找。然而，那个青年已经悬梁自尽了。

　　高僧懊悔不已，忽然感到自己的生命之灯燃到了油尽灯枯的时候。高僧圆寂时，在生命的最后时刻，最先出现在他脑海里的不是佛祖，而是他的父母。高僧心里长叹道：看来自己也是尘缘难了，近百年的修行仍难成正果，何况那个青年啊。人心如果真的如镜，除了没有瑕疵，为什么就不能博大一些呢？谁又能把前尘过往擦得不留一丝痕迹？看来，人是多么需要有一颗宽容和包容的心啊。

　　高僧圆寂了。佛祖却宽容地留下了他，他成了佛。

　　这个故事告诉我们，过去即使做错了也没什么，过去不代表现在，更不代表未来，莫为往事而苦恼，过去的就让它过去，多一些理解和包容，你会生活得更加自在，更加美好。

不要总是为未来担忧

曾有一个故事，说一个老太太整个一生都是在忧虑中度过，活得很累。她在念小学时担忧考不上中学，考上了中学又担忧考不上大学，上了大学之后又担忧毕业后找不到好工作，找到了一个理想的单位后又担忧找不到心中的白马王子，结婚生子后又担忧儿子的成长、前途、婚姻、家庭……这个幸运而又可怜的老太太就这样给自己系上了一条长长的担忧链条，没过上一天舒坦的日子。其实，她的担忧完全是多余的，是自寻烦恼。

心理学家认为，给人们造成精神压力的不是今天的现实，而是对昨天所发生事情的悔恨，以及对明天未知问题的忧虑。遗憾的是，许多人不懂得珍惜和享受眼前的生活，总是担心明天的日子怎么过，其理由是："人无远虑，必有近忧"。人们的思维误区就恰恰在于把"远虑"理解成"为未来忧虑和焦虑"，而不是"替将来考虑与谋划"。由此可见，许多烦恼是人们自找的。

常言道："车到山前必有路，天无绝人之路。"因此，我们无须担忧未来，也不必懊悔过去，只需好好珍惜今天，牢牢把握今天。昨天是过期作废的支票，明天是不能预支的期票，唯有今天才是能用的现金。人无论在什么情况下，都不应该以牺牲自己的心情为代价，把握好今天才是最重要的。

那么，人们担忧的事到底会不会发生呢？发生的概率究竟有多大？据此，心理学家曾做过一个有趣的实验：即要求一群实验者在周日晚上，把未来七天所要烦恼的事情都写下来，然后投进一个大型的"烦恼箱"。到了第二周的星期日，他打开箱子，让被试者逐一核对每项烦恼，结果发现其中有九成并未真正发生。

接着他又要求大家把剩下的一成字条重新投入箱中，等过了三周，再来寻找解决之道，结果到了那一天，他们开箱后发现那些烦恼也已经不再是烦恼了。据统计，一般人的忧虑有40%属于过去，50%属于未来，只有10%属于现在。而92%的忧虑从未发生过，剩下的8%则是能够轻松应对的。这个事例更足以说明，烦恼不是本来就有的，而是人们自找的。

在当前社会竞争加剧的形势下，我们应该有忧患意识和危机感，但是也不必为此而忧心忡忡，惶恐不安。

现实是真切的，而未来是不可预期的。有些事情该来的终究会来，挡也挡不住。最明智的做法是积极面对，充分准备。在事情还没有发生前，是不可以总往坏处想的。要知道福与祸是能够互相转化的，而得与失也是相对的。莫为未发生的事而忧虑，让每天都有一个好心情。

乔丹之所以能够成为"篮球巨星"，除了天赋与刻苦之外，最重要的是他还有自己的人生哲学。在《最好的球员》一文中，他说自己如果第一个球未投中，绝不会畏惧再投第二个，因为"还没有投，为什么要担心投不中呢"？

很朴素的话，却足以说明一个很深刻的哲理：事情还没有做，为什么要担心不成功呢？做好今天的事，就是说要珍惜今天的时光，做好手头的工作。无论明天何去何从，都不能忽视今天，更不能放弃今天。

在现实生活里，常让人们深感不安的往往并不是眼前的事情，而是那些所谓的"明天"和"后天"，那些还没有到来，或永远也不会到来的事物。人们总是为将来而发愁，这种担心令人深深地感到不安，对人生的发展也极为不利。

　　首先，这种对未来的过度担心和焦虑，严重地影响了我们今天的生活。克服忧虑心理最有效的办法是：每一天，都尽到责任，做好每天的事，剩下的事交给时间去处理，相信时间是改变一切的可靠力量。我们既不能沉湎于过去，也不可过多地担忧未来，我们必须了解今天的责任，并集中精力去完成这一责任。沉湎于过去的事情和担忧未来的事情，其结果就是使人丢失了现实。

　　其次，总是担心明天还没有定数的事，会使自己丧失斗志，没有信心，产生惧怕心理，那么你的一生终将一事无成。但这并不意味着没有目标盲目去做。每个人对于未来都应有自己的构想，但不是空想，一定要落实到实际行动中，这样才有可能成功。我有一位当教师的朋友，就曾整天忧虑："我能当好老师吗？学生不喜欢我怎么办？家长不好沟通怎么办？同事不好相处怎么办……"这些忧虑花费了他大量的精力，而事实根本不是他想的那样。所以说，如果用现在珍贵的时间去思考明天还不知道会不会发生的事情，这样会使人没有信心，而且会给自己带来负面影响，更浪费了进步的机会。这位教师朋友后来理解了这句话的意思，他感受很深，也发生了转变。不会再为那些愚蠢的问题伤神，而是踏踏实实，一步一个脚印地做好今天的事，为自己充电。

　　是的，人生有时候需要预测未来，但也仅仅是对要发生的事情进行推测，防止遇到问题措手不及，绝对没有理由为明天的落叶而担忧。因为烦恼就像落叶一样，不会因为你今天多打扫了一些，明天就减少一些。任何时候都有不同的烦心事，明天的问题就等到明天去解决好了，今天需要的只是把今天的事情做好。

　　做好今天的事，就是为明天筑起了向上的台阶。

事事多往好处想想

在现实生活中，有很多人生活得很痛苦，有很多人生活得很快乐。究竟是什么原因造成了这样不同的结果？我想，可能是因为每个人看问题的角度不同。有的人看到的是事物发展的一面，有人看到的是事物消极的一面，如果能够用发展的眼光看待自己所面临的事物，用另外一种心态看到事物对自己有利的一面，那么，这样的人就会永远生活在阳光里。在他看来，生活没有阴霾，有的只是阳光。

反之，有的人遇到事情，首先看到的就是事物的不足，想到的是最坏的结果，从来不去想这个事物好的一面。这也就是我们平常所说的心态问题。俗话说："积极的心态像太阳，照到哪里哪里亮。消极的心态像月亮，初一十五不一样。"因此，我们在生活中，如果始终以发展的眼光、积极的心态来看待周围的事物，看待我们所遇到的问题，那么，即使是对我们不好的事物，我们可能也会在这种思想下作出对自己最好的抉择。

从前，有一个国王喜欢舞枪弄棒。有一天，他不小心在舞枪的时候把自己脚上的大拇指给削了下来。他疼痛难忍，周围的大臣都过来安慰他，可是他的宰相却说："国王陛下，一切的付出都是为了最美好的事情而准备的！"国王听了他的话，非常生气，下令把他贬为庶民，看管菜园。

有一次，国王和他的新任宰相到森林里去打猎，不幸却被食人族捕获了。食人族吃人有个规矩，就是专门吃一伙人中官职最大的。这时候国王面临被吃掉的厄运。当小喽啰们把国王清洗干净准备要吃的时候，却突然发现国王的大拇脚趾没了，原来是个残疾人。食人族认为吃残疾人是对自己祖先的不敬，于是把国王放了，把新任宰相给吃掉了。

回到宫里，国王想起了先前宰相说过的话，马上来到菜园子，向宰相表示感谢。宰相却说，你不要感谢我，我要感谢你才对。皇帝很纳闷，宰相说："如果你不把我贬为庶民，这次被吃的就是我了！"

现在有很多人，不知道珍惜自己的美好时光，整天用一种埋怨、消极的心态来对待周围的一切。其实，这是我们的心态出了问题，是我们看问题的方法出现了偏差，如果不加以纠正，那么，即使把我们变成了百万富翁，生活可能也会和现在没有什么两样，整天生活在埋怨中。所以，我们要明白，一味地抱怨是不能解决任何问题的，只要以一种积极、进取的态度来面对生活，那么我们的生活就会一直充满阳光。

这个道理并不难理解，正如硬币有正反两面一样，所有的事情也都有它积极和消极的两面，就看我们如何看待，如何选择了。

曾经有一名武士，在一次战斗中，他率领部队与人数比他们多十倍的敌人对抗。力量悬殊如此之大，他的部下们个个垂头丧气，萎靡不振。当部队经过一座寺庙时，武士停了下来说："我们在寺庙前用硬币问卜，如果硬币正面朝上，那就表示我们能赢，否则就输，那我们就马上撤退。"他拿出硬币，当众投出。当硬币落地的一刹那，大家睁眼一看，正面朝上。大家欢呼起来，充满了勇气和信心，恨不得马上投入战斗。最后，他们大获全胜。一位部下说："感谢神的帮助！"武士说："这是你们自己打赢了战斗。"他拿出硬币，大家一瞧，原来硬币的两面都是正面！

　　这个故事中的道理正如明朝陆绍珩所说："一个人生活在世上，要敢于'放开眼'，而不要动不动就'皱眉头'。'放开眼'和'皱眉头'就是对事物两面的选择。你选择'放开眼'，就意味着选择了事物积极的一面，就算遇到挫折也能乐观自信，勇敢地应对一切。而如果你选择反面，一个小小的失败就会让你眉头紧锁，郁郁寡欢，最终成为失败者。只有乐观自信的人才能在不顺时，也看到生活美好的一面。"

　　生活中，确实存在这样或是那样我们不曾预料的困难，它的突如其来往往弄得我们措手不及，但是请用你积极向上的心态去面对它。

　　英国作家萨克雷有句名言："生活是一面镜子，你对它笑，它就对你笑；你对它哭，它也对你哭。"请用一双会发现的眼睛去寻找生活中的美好和光明，就像在秋天看到落叶背后的丰硕果实，在严冬里看到霜雪中孕育的新绿。你会发现自己身上不曾被开发的潜能，你会拥有自信、充实、精彩的每一天。

　　一年夏天，卡耐基在加拿大落基山区弓湖岸边遇到了何伯特·沙林吉夫妇。沙林吉夫人是一个很平静、很沉着的妇女，给人的印象是"从来没有忧虑过"。一天晚上，卡耐基问她是不是曾因忧虑而烦恼过。她说她曾经也是一个极度忧虑的人，后来因为一句话而改变了她的生活，使她不再忧虑。

　　她说，她的生活差点被忧虑毁掉。那时她脾气不好，很急躁，每天的情绪都很紧张。出去买东西时，她会想到许多可怕的事情：也许房子烧了，也许佣人跑了，也许孩子们被汽车撞死了……她常被这些可怕的事情弄得直冒冷汗，不得不立即冲出商店，跑回家去，看看一切是否都好。而实际情况是什么事也没发生。

　　她第二个丈夫是一个律师，很稳重，有分析能力，凡事都向积极的方面想，从不为任何事情忧虑。每当她紧张或焦虑的时候，丈夫就对她说："不要慌，让我们好好地想一想，你真正担心的到底是什么呢？我们分析一下概率，看看这种事情是不是有可能发生。"丈夫的这句话，减少了她90%的忧虑，使她过去这二十多年的生活过得十分美好而又平静。凡事都朝积极的方面想，善于发现事物积极的一面，对每一个人都是至理。

　　我曾经有一个开店的朋友，他家楼下有人搞装修，刺耳钻心的声音弄得他很烦，又不便让人家停工。后来他调整了心态，从积极的一面考虑问题，主动调整自己的睡眠时间。他说，既然已经对楼下装修的噪声没有办法，那就接受现实，早点起来，利用好白天的时间做事情，或者白天躲到店里去，到店里也可以睡觉，也可以监督员工，有什么事情也好及时处理。

　　从这位朋友的事情上可以悟出，遇到坏的事情，与其一直难过下去，与其一直发牢骚，不如改变一下态度和想法，多从积极的方面去考虑，这样也许日子就能过得幸福些。

第四章　笑一笑，你的人生更美好

　　世界原本就不是属于你的，万物皆为我所用，但非我所属。试问，百年以后，哪一样是你的？所以说，任何痛苦都是自己找的，任何快乐也是自己找的。

　　笑一笑，你的人生将会更美好！在以后的生活中，你不妨也多问问自己快乐吗？

用乐观态度面对人生

悲观的失败者视困难为陷阱，乐观的成功者视困难为机遇，结果就有两种截然不同的人生。因此才有人说，生活不是缺少美，而是缺少发现。凡事往好处想，就会看到快乐，有了快乐才能增添我们生活的色彩与轻松。

从前有个老婆婆，她有两个儿子，大儿子卖盐，小儿子卖伞，可是，她却总是不快活。

天晴时，她就为小儿子担心，这么好的天气，他的雨伞卖给谁呢？一家子吃什么啊？想着想着，她就哭了起来。

天阴时，她又为大儿子发愁，盐受了潮，就不好卖了，一家人都要饿肚子，想着想着，老婆婆又哭起来。

邻居老伯见老婆婆总是愁眉苦脸，身体越来越差，就对她说："遇事要往好处想。"老婆婆问："怎么才是往好处想呢？"

老伯说："天晴时，你可以为大儿子高兴，他的盐好卖了；天阴时，你可以为小儿子高兴，他的伞有人买了。"

老婆婆听了，觉得有道理，就照他的话去做，从此，无论天晴天阴，她都是高高兴兴的，身体也好了起来。

以这种心态去生活，你就会过得很坦然，同时也会感到无比的快乐。要学会凡事都往好处想，名人也一样，有时候他们比普通人更懂得这个道理。

圣诞节前夕，甘布士欲前往纽约。妻子在为他订票时，发现车票已经卖光了，但售票员说："有人临时退票的机会只有万分之一。"甘布士听到这一消息，马上开始收拾出差要用的行李。

　　妻子不解地问："既然已没有车票了，你还收拾行李干什么？"他说："我去碰一碰运气，如果没有人退票，就等于我拎着行李去车站散步而已。"

　　等到开车前三分钟，终于有一位女士因孩子生病而退票，他因此而登上了去纽约的火车，在纽约他给太太打了个电话，他说："我之所以成功坐上车，是因为我抓住了万分之一的机会，因为我凡事往好处想。别人很有可能会以为我是个傻瓜，其实这正是我与别人不同的地方。"

　　对于这样一个拎着行李去车站散步，抓住万分之一机会的人，心态是多么积极，多么平和啊！从来都不抱怨自己的命运会如何，总是找快乐、找希望、找机会，这就是美国百货业著名的甘布士作为成功者的品格。

　　还听说过这样一个故事：有一个名叫米契尔的青年，一次偶然的车祸，使他全身 2/3 的面积被烧伤，面目恐怖，手脚变成了肉球。面对着镜子中难以辨认的自己，他的内心痛苦而迷茫。他想到某位哲人曾经说的："相信你能，你就能！问题不是发生了什么，而是你应当如何面对它！"于是他在很短的时间里就从痛苦之中解脱了出来，几经奋斗，变成了一个成功的百万富翁。

　　后来他不顾别人规劝，非要用肉球似的双手去学习驾驶飞机。结果，他在助手的陪同下升上天空后，飞机突然发生故障，摔了下来。当人们找到米契尔时，发现他脊椎骨粉碎性骨折，他将面临终身瘫痪的现实。家人和朋友悲伤至极，他却说："我无法逃避现实，就必须乐观接受现实，这其中肯定隐藏着好的事情。我身体不能行动，但我的大脑是健全的，我还是可以帮助别人的。"他用自己的智慧，用自己的幽默去讲述能鼓励病友战胜疾病的故事。他走到哪里，笑声就荡漾在哪里。

有一天，一位护士学院毕业的金发女郎来护理他，他一眼就断定这是他的梦中情人，他把他的想法告诉了家人和朋友，大家都劝他：这是不可能的，万一人家拒绝你多难堪。他说："不，你们错了，万一成功了怎么办？万一她答应了怎么办？"他勇敢地向她约会、求爱。在相处了两年之后，这位金发女孩嫁给了他。

米契尔经过不懈的努力，最后成为美国人心中的英雄，成为美国坐在轮椅上的国会议员。

只要你仔细想想，人生不就是一个过程吗？在不经意间得罪别人，做事磕磕碰碰，甚至为某种利益而结怨成仇，于是在这种矛盾中痛苦地生活，现在想想，真不值得什么。其实，人生最大的敌人是自己，要想创造一个好的心情，首先需要摆平自己，拿得起是一种勇气，放得下是一种肚量。所以说凡事要多往好处想，才不至于自己绊住自己。

据说很早以前，有一位秀才进京赶考，在考试的前两天，他连续做了两个梦。第一个是梦见自己在墙上种白菜；第二个是梦见下雨，他戴着斗笠还打着伞。

秀才赶紧去找算命先生解梦。算命先生说："你还是回家吧。你想想，高墙上种白菜，不是白费劲吗？戴着斗笠还打着伞，不是多此一举吗？"秀才一听，心灰意冷，回店收拾包袱就要回家。店老板问其缘故，秀才把做梦和算命的情况诉说了一番。店老板一听乐了："我也会解梦，我倒觉得你一定要去考。你想想，墙上种菜，不是高种（中）吗？戴着斗笠还打着伞，不是说明你有双保险吗？"秀才一听，觉得确实有一定的道理，精神顿时为之一振，于是便充满自信地参加了考试。最后考中了。

还有一个故事说：有两个人，各自得到一笔遗产，在一次意外中又都失去了其中的一半。其中一个乐观的人认为我还有一半财产呢，于是幸福地享受遗产给他带来的美好生活。而另一个悲观的人却总是认为自己失去了一半财产，并为此耿耿于怀，不久就郁郁而终了。

凡事多往好处想，就会以一种积极向上的心态去迎接眼前的生活，而不是整天郁郁寡欢地过日子。千万不要为那些已经失落的梦幻而感到烦恼，没有必要自寻一些烦恼来使得自己的生活不愉快，谁也不能把今天的幸福存入银行，明天再取出来享用。生活本身就是鲜花艳阳加风霜雨雪，其内在的悲欢离合，外在的痛苦磨难都重重地打击着我们的身心，这就需要我们从容地去面对，不能自己先乱了阵脚。

遇到事情能够多往好处想，那么你的心灵自然就会充满阳光。

做好自己，不迷失自我

不做别人的翻版，做真实的自己，看起来很平常、很自然的一句话，细想却是那么不容易。不翻版他人就是要做回自己，就是要不迷失自我，就是要自己的事情自己做主，可就是这样简简单单地做回自己却成了世间最难的事情。因为在人生这条漫长而曲折的道路上，总有一些东西不在我们的掌握之中，我们总会因他人的眼光而改变自己。也许你身边总有些人告诉你，你应该怎样做；提醒你，你应该成为什么样的人；告诫你，你不能违背规则。这时，你还会做自己吗？

在一个美丽的花园里，有苹果树、橘子树、梨树和玫瑰花。花园里所有的成员都是那么快乐，唯独一棵小橡树愁容满面。可怜的小家伙被一个问题困扰着，那就是，它不知道自己是谁。苹果树认为它不够专心："如果你真的努力了，一定会结出美味的苹果，你看多容易！"玫瑰花说："别听它的，开出玫瑰花来才更容易，你看多漂亮！"小橡树按照它们的建议拼命努力，但它越想和别人一样，就越觉得自己失败。

我们也时常像这株小橡树一样，在某个时刻迷失自己，想模仿他人而不成功，结果越来越惘然。法国作家心涅科尔曾说："对于宇宙，我微不足道，可是，对于我自己，我就是一切。"你就是你，不是别人的翻版。每个人都有自己独特的个性和潜能，善于将它们开发出来，你才能够活出真正的自己。不做他人的盗版，保持真我本色，你就能成为最好的自己。

意大利著名影星索菲娅·罗兰自从 1950 年进入影视圈以来，

已经拍过60余部影片，还获得过1961年度奥斯卡最佳女演员奖。但是，当年只有16岁的她来到罗马想圆演员梦时，有人嫌她个子太高、臀部太宽、鼻子太长、嘴太大、下巴太尖，一点儿都不像电影演员，甚至有人劝她去做整容手术。但索菲娅没有被别人的议论所左右，而是一往无前地走自己的路，坚持做自己。她最终获得了成功。

大多数人都有过这样的内心冲突："是做自己，还是做别人的翻版？"其实，每个人只有按自己所期望的生活方式去生活，做自己真正想做的事情，内心的焦虑和冲突才会消失。如果因做他人的翻版而丢失了自己，是不值得的。

在人生这个大舞台上，在社会这个大染缸中，迷失自我的案例太多太多。例如，有的人做了官，便忘记了自己贫寒的出身，个人欲望极度膨胀。再如，有些人喜欢跟风，看到别人下海经商，他也坐不住了，放弃原来的工作，纷纷跳下水，结果又不是经商的料，不是淹死就是衣服湿透爬上来，处于进退两难的尴尬境地。

人非圣贤，孰能无过，即使是圣贤，也不能不犯错。每个人踏上社会，或由于社会经验不足；或由于年幼无知；或由于血气方刚好冲动。想做别人的翻版，迷失自我恐怕也在所难免，关键是要能迷途知返。

那么怎样才能做到不迷失自我，不做他人的翻版呢？首先要知道自己真正喜欢什么。如果你做的事是你所喜欢的，哪怕工资低点，待遇差点，都不要紧，这些都只是暂时的，相信靠你的努力，经过日积月累，到时所取得的成绩和荣耀一定会让你和周围的人感到吃惊。其次，要对自己有个比较清醒的认识，要知道自己的长处和短处，尽量扬长避短，这样你就能相对容易成功。第三，不要轻易被外界所诱惑。大千世界中的诱惑太多，许多人抵挡不住诱惑，最后沦为官位、金钱、女色的奴隶，丧失了做人的尊严和生存的价值，十分可惜。如今，面临世界金融危机，工作不好找，能有一份工作就应该倍加珍惜。要以高度的责任心和敬业精神把手头的事干好，套用海尔集团总裁张瑞敏的话："什么叫不简单？认认真真把每件简单的事做好就是不简单；什么叫不容易？认认真真把每件容易的事干好就是不容易。"

世上名人很多，成功人士也很多，但我们千万不要盲目崇拜他们，因为成功的路不可能重复，正如树上不可能有完全相同的两片树叶一样，每个人的气质、个性、阅历、学识、修养、为人处世的方法等各有不同，这就决定了每个人所走的路不同，路要靠我们自己走，无论成功还是失败，都要我们勇敢地去闯。

常常与自己保持对话

每个人内心都希望拥有一个开阔而清静的心灵空间，累了烦了的时候，不妨走进自己营造的心灵小屋，安静下来，把琐碎的事情，生活的烦忧暂时抛到九霄云外，静静地倾听自己心灵的声音——与自己对话。

我们要学会与自己对话。现在，经常听人们说："神马都是浮云。"浮云，不仅能遮住日月星光，甚至能掩蔽人们最不愿承受，也不愿面对的灵魂。很多人为了应付这个浮躁而多变的世界，往往把什么都看成过往浮云，把注意力集中在人与外部世界的关系上，却很少去关注心灵的纠葛，审视自己的灵魂。因此，很多人都活得很恍惚，很迷惘。

每个人都有两面，都有某种程度的分裂体验，只有通过与灵魂对话，审视内心的对立统一性，才能让自我得到延伸，展示出生命内在的巨大空间。

常常与自己保持对话，在灵魂深处探讨。前不久，有一位文友来信说，每当孤独寂寞的时候，他就会和自己对话。他的对话内容转摘如下：

孤独吗？答：孤独。

孤独好不好？答：有时好，有时不好。

好在哪里？答：自由，想干啥干啥。

不好在哪里？答：寂寞，不知道干啥。

是什么样的寂寞？答：希望和人交流而不得。

想和什么人交流？答：我喜欢的。

喜欢谁？答：喜欢的人不多，经常找不着谈话对象。

那么出去随便找个人瞎聊吧。答：不行。

为什么不行？答：那样会更空虚。

空虚和寂寞有不同吗？答：有。

怎样的不同？答：寂寞有两种，孤独的寂寞，空虚的寂寞。

这怎么说？答：前者的解决通常是读万卷书，行万里路；后者多为欢歌燕舞，烟花柳巷。

当和自己对话到这个时候，他就知道该怎样做了。

人处困境时，在没人帮助的时候，必须自己为自己解套，和自己对话就是有效的方法。也许能够与自己对话的人，总是活得很苦恼。但是，当人们回过头来看，正是这样的人，才具有真正的智慧，生命也才有价值，因为思想有着至高无上的意义。思想总要在隐蔽孤独的状态中成长，尽管不可避免地要诉说，但必须先在孤独中孕育。而在这种孕育的过程中，首先要是学会与自己的心灵对话，学会去拷问自己的生命。

"我想干什么？我应该怎么干？"如果每个人都能常常向自己提出这样的问题，然后认真地回答，那么他就会渐渐地认识自己，在认识自己的前提下，真正地为自己订立一个计划，认真地去实施。世上无难事，只要认真去做，最终梦想也许就会变成事实。

其实，在现实生活中，我们会遇到许多这样或那样的无奈与困惑。找朋友聊，找亲人聊，都只是一种缓解，我们需要的是如何面对自己，怎样和自己对话。比如，我们常常需要不断地问自己："此刻我心中在想些什么？明天我该做些什么？还有哪些需要努力的地方？"

首先问自己，心中在想什么？

疲惫了一天，是否一倒在床上就能安然地睡去？或是看一会儿书，或是玩一阵游戏。睡觉前，不妨拿出一天的生活细节，重新过滤一遍，想想我们的理想和目标。因为，生活并非一成不变，每天我们都会面对不同的状况，对于目标，对于生活，我们充满了希望并一直为之努力。梦想不能一日达成，成就梦想需要一个努力的过程，我们不能轻言放弃，所以我们需要问自己，将心中的理想信念时常提起，在每天闲暇的时刻问自己："此刻，我该想些什么？然后问自己，明天我该做些什么？"

明天我该做些什么？延续着今天的努力，轻松地梳理一下心中的疑虑，为明天的工作储备动力。明天的生活是什么样子，是成功还是失败，我们谁也不知道。但凡成大事者之所以能够成功，是因为他愿意去做一些失败者不愿意做的事。反之亦然，失败者之所以失败，乃在于他一直在做成功者不愿意做的事。明天，我该做些什么，你准备好了吗？

最后问自己，还有哪些需要努力的地方？

不管你现在做什么，学什么，总会有一个总结。一星期、一个月、半年、一年，这是一个时间的跨度。一天的总结，你试过吗？不妨给自己 1 分钟的时间，问自己："我今天是否失败过，失败在哪里，问题解决了没有，结果是否令自己满意。"当然更重要的是，还有哪些是经过努力可以得到改进的，以便及时谋划好对策及方法。

孔子有一句话叫作"吾日三省吾身"。说的就是自己与自己的对话，孔子之所以能够成为圣人，与他的"省身"恐怕不无关系。我们虽然难以做到"每日三省"，能做到"每日一省"便已足矣。每一个人，如果每天都能与自己对一次话，把每一天的所得所失都好好地考究一番，那么还有什么不清楚的呢？在自己与自己的对话中，你肯定会经常得到令你感到意外惊喜的东西。

记得有位作家说："自己把自己说服，是一种理智的胜利；自己被自己感动了，是一种心灵的升华；自己把自己征服了，是一种人生的成熟。"和自己的心灵对话，能把自己说服了、感动了、征服了，人生还有什么样的挫折、痛苦、不幸不能征服呢？

和自己的心灵对话，就是发现自己，发现另一个更加真实的自己。

宽恕别人快乐的是自己

"如果有一个自私的人占了你的便宜，把他从你的朋友名单上除名，千万不要想去报复。一旦你心存报复，对自己的伤害绝对比别人的要大得多。"

这句话听起来像是哪位理想主义者说的。其实不然，这句话曾出现在纽约警察局的布告栏上。

老子《道德经》中有一章是这么说的："人之有余以怨报德，人之不足以德报怨。"是以怨报德，还是以德报怨？很少有人能做到后一种。而我们其实应该朝这个方向努力。因为，我们也许不能神圣到去爱敌人，但为了我们自己的健康与快乐，最好能原谅并忘记他们，这样才是明智之举。

心理学中有一条规律：我们对别人所表现出来的态度和行为，往往会得到同样的方式和回答。在与人打交道时，我们发现自己待人的态度会在别人对我们的态度中反射回来。如同你站在一面镜子前，你笑时，镜子里的人也笑；你皱眉，镜子里的人也皱眉；你叫喊，镜子里的人也对你叫喊。几乎很少有人认识到这条心理学规律是多么重要和多么具有普遍性，反而得意地归之于自己感觉灵敏。

一个小男孩受到母亲的指责，出于一时气愤，就跑出家门，来到山边，并对着山谷喊道："我恨你，我恨你，我恨你！"接着从山谷传来回音："我恨你，我恨你，我恨你！"这个小孩很吃惊，百思不得其解。过了一会，他的气消了，想起了母亲对自己的关怀，心里就开始后悔。于是他又对着山谷喊道："我爱你，我爱你！"而这次他发现，有一个友好的声音在山谷里回答："我爱你，我爱你！"生命就像一种回声，你送出什么它就回应什么，你播种什么就收获什么，你给予什么就得到什么。这就是说，想要别人是你的朋友，你必须是别人的朋友。心必须靠心来交换，感情只能用感情来博取。只要我们互相容忍谦让，我们的人生道路不就变得更加明亮、宽阔、平坦了吗？

当我们怨恨仇敌的时候，自然而然就受仇恨主宰。于是这个统治力甚至伤及睡眠、食欲、血压、健康和幸福。如果我们的仇敌知道我们为他而烦恼苦闷，努力寻找复仇的机会时，大概会高兴地欢呼哩！也许我们未能伤害敌人，反倒让自己伤痕累累，每天过着地狱般的生活。曾有人说过："如果有个狭隘的人想要伤害你，那么，不要企图报复，只要与他断绝来往就足够了。因为一旦你有了报复之心，受到伤害的不是别人，而是你自己。"

有这样一幅漫画：A 拿了一张白纸，用一支笔在中间画了一个黑点，然后问 B："你看到了什么？""一个黑点！"B 一脸不屑地回答说。A 再问："为什么这么大一片白色你看不到，而只看到这黑色的一小点呢？"B 一脸茫然。

这里提出的是一个发人深省的问题。在这个五光十色的社会中，我们往往是一眼就能看到别人的小小缺点，而更多的优点却视而不见。原因可能很多，而习惯性的自私、嫉妒心理大概是主要原因。看到他人的成绩，看到他人的美好，我们往往高兴不起来，主要是因为我们的心胸太狭窄了。而宽容就是治疗嫉妒、自私、心胸狭窄的最好方法。

宽恕，是人类的一种美德。宽恕本身，除了减轻对方的痛苦之外，事实上也是在升华自己。因为，当我们宽恕别人的时候，我们也能得到真正的快乐。犯错很平常，宽恕却是一种超凡。假如我们看别人不顺眼，对别人的行为不满意，痛苦的不是别人，而是我们自己。

常有人对他人怀恨在心，但是就算你恨死对方，对方也许并不知情。因为不知情，所以他不会有任何损失，也不会有什么负担，反倒是你自己的内心因为有"恨"而一刻也不得宁静，痛苦不已。因此，我们要了解，"恨"是世界上最愚蠢的行为。唯有懂得宽恕别人，才能得到真正的快乐。如果一个人总是希望从别人身上去获得快乐，那会比一个乞丐沿街乞讨还要痛苦。

快乐不是别人给我们的，而是要由我们自己来解脱，自己来超越。想要得到快乐，就不要太过于敏感。因为对周遭的一切都太在乎，太在意，就像自己拿了好多条绳子绑住自己一样，真是自寻烦恼，自讨苦吃。

因此，不要对他人心存报复，快乐要先从宽恕别人而来。宽恕是升华自己的本源，两者相辅相成，若能如实地运用在生活当中，那么，便能心宽如海，远离痛苦了。

反之，我们集中所有的精力去怨恨别人，结果只落得神经质、容颜衰老、心脏衰竭等下场，只能让别人更早、更彻底地看清你是一个心胸狭隘、小肚鸡肠、行为卑微、没有朋友的孤家寡人。如果我们无法做到爱"敌人"，至少多爱自己一些。多爱自己一些，带给自己更多的幸福、健康、美丽，就等于不再受"敌人"的牵制了。

莎士比亚有一句名言："憎恨别人的熊熊烈火，可别把自己给烧焦了！"

其实，宽恕也是治愈伤害的良药。对于大多数人来说，宽恕他人要做很大的努力，但至少可以从憎恨他人的苦恼中解脱出来。如果不能宽恕，那么，至少可以忘掉他人对自己的伤害。

亚伯拉罕对上帝说："上帝，我的兄弟已经伤害我 7 次，请问我还能宽恕他几次？"上帝说："你还要宽恕他 1000 次。"这足以证明，内心的平静，是通过改变你自己而获得的，而绝不是通过报复获得的。为了你自己，为了快乐，为了内心的平静，为了光明的未来，请改变你自己。你宽恕了伤害你的人，你将获得更多，生活也将更加美好！

拥有一颗感恩的心

有人说："所谓幸福的生活是有一个健康的身体，一份称心的工作，一位深爱你的人，一帮值得信赖的朋友和一颗感恩之心。"

还有人说："一个人最大的不幸，不是得不到别人的'恩'，而是得到了，却漠然视之。"一个不懂得感恩的人，只会把别人的给予当作理所当然，只会一味索取而不知回报，他的生活会因体验不到相互给予的快乐而枯燥乏味。相反，一个懂得感恩和回报的人，会生活得轻松而满足，因为他能够从为他人创造快乐中享受给予的乐趣。所以，我们说，感恩是一种生存智慧，是一个人维护自己内心的安宁感和提高幸福感必不可少的能力。

百兽之王狮子病了，消息传出去之后，动物们纷纷来看望狮子。当小老鼠来时，狮子想："这只不怀好意的老鼠，他肯定想探知我的宝藏在那里，好早早把地洞挖好。"当狼来时，狮子想："这家伙向来对我不敬，他来准是看我一命归西的场面。"当老虎来时，狮子想："老虎对我根本不服气，一直想当山大王，他准是来探听我能活多久。"

狮子感到非常悲伤，他叹息道："危难之际见真情，他们怎么都对我不怀好意呢？他们难道不知道世间还有一种真挚的关怀之情吗？"狮子的悲伤在于不知道感激，缺乏一颗感恩之心。因为我们用什么样的眼光看待世界，世界在我们眼中就是什么样子。

其实，青山绿水，流云皓月，大自然赐给我们阳光雨露。长河万里，滔滔东去，吾独取一瓢饮之。俯首是春，昂首是秋，月亮是诗，太阳是画，我们还有什么不满足的呢？我们还有什么和自己过不去的呢？

其实，学会感激，不过是学会逐渐拥有一个好心境罢了。风也好，雨也罢，只要我们常怀一颗感激之心，那么世界在我们的眼里就会多姿多彩了。

很多时候，我们能否拥有一个好心境，在于我们能否摆脱名利的困扰。名与利，就像一个结，把我们的心越系越紧，结果把我们的理智闭塞了，让我们心情阴暗了，让我们失去了快乐。

所以，我们要学会感恩，首先要感恩自己的父母和亲人。天大地大，父母的恩情最大。生我者，父母也；育我者，父母也。所以说，父母是我们最大的恩人。是父母培养了我们，他们也许没有给我们留下金山银山，但他们的人格和品行是我们坚实的靠山。我们在外工作时，常为父母捎去一句嘘寒问暖的话，回家了，亲切地走近操劳一生的父母，唠唠家常。随着我们慢慢长大，我们应该学会照顾、关心父母，记住他们的喜好，他们的生日，在适当的时候送上温馨的问候与祝福。在我们工作、学习遇到挫折时，家永远都是我们避风的港湾，父母永远都会在身后默默地支持我们、鼓励我们，但当父母有不如意的事时，我们是否会关心他们呢？人世间最伟大而又最平凡的爱莫过于父爱和母爱，正是由于它平凡，所以容易被人淡忘，我们该以一颗感恩的心对待父母。乌鸦反哺、小羊跪乳，物尤如此，人何以堪？

同时，要感谢亲人，在家庭遇到困难时，在我们外出工作时，是亲人给予自己以及家人照顾和帮助，使能全身地投入工作，没有后顾之忧。

更要感谢老师，一日为师，终身为父。老师将自己的知识毫无保留地授予我们，他们送走了一批又一批学生，又迎来了一批又一批学生。他们桃李满天下，自己依然坚守三尺讲台，默默耕耘。对于辛勤培育我们的老师，你是否也怀着一颗感恩之心？在校园里遇到老师时，你是否主动迎上去，给老师一个问候？在每年的9月10日，你是否记得给老师送上节日的祝福？

生活中，在我们周围，还有太多太多需要感恩的人……

感谢朋友，当遇到挫折时，是朋友给我们以鼓励，也给我们以信任；感谢公司，感激老板，给我们再就业的机会，给我们一个平台发光发热；感谢同事和工友，是他们给我们以信任和认可，对我们的工作以支持和配合；感谢上苍，让四季运转无穷无尽；感谢社会，感谢生活所给予的一切，哪怕是一件微不足道的事，尽管并不美满和幸福。

在人生的道路上，我们所经历的、所看到的、所听到的值得感动的事情举不胜举。"滴水之恩，当以涌泉相报"作为中华民族的传统美德延续到今天。在我们这个和谐社会时代，在人们的距离日益缩小的今天，常怀一颗感恩之心，是我们成就阳光人生的支点，是我们创造和谐氛围的一种思想境界。

感恩是一种处世哲学，感恩是一种生活智慧。从成长的角度来看，心理学家们普遍认同这样一个规律：心改变，态度就跟着改变；态度改变，习惯就跟着改变；习惯改变，性格就跟着改变；性格改变，人生就跟着改变。愿感恩的心改变我们的态度，愿诚恳的态度带动我们的习惯，愿良好的习惯升华我们的人格，愿健康的人格成就我们美丽的人生！

朋友，让我们常怀一颗感恩之心吧！我们的社会需要感恩，我们的生活需要感恩。只有学会感恩，人生的旅途才会充满温馨。我们之所以自感幸福和快乐，是因为我们常怀一颗感恩之心。

快乐是人生的主旋律

快乐是人生的主旋律，也是我们共同追求的目标，人的一生快乐是最可贵的。所以，人们经常用一句祝福语："祝你永远快乐！"

然而，快乐不会是永远的，一成不变的。因为那样太平淡，没有悲喜之分也就没有快乐而言，因为事物都是相对的。

其实，获取快乐既难又易，这因人而异，因事而异，它取决于一个人的心态和对客观事物的理解。

快乐有时很简单，也许是会心一笑，也许是一句轻声的问候，也许是你帮助别人做了一点儿好事。我们不奢求永远，不奢求一生快乐无忧。但快乐加快乐就等于很多快乐，因为快乐是可以累积的，无论高低贵贱，无论贫穷富贵，快乐就是幸福。

所以说，快乐是一种心情，白居易的《想归田园》道："快活不知如我者，人间能有几多人。"人的心情也和天气一样，时阴、时晴、时苦、时乐、时常变化。快乐不能仰仗别人，只能依赖自己。健康的心态催发愉悦的花朵。

快乐是杯美酒。趋乐避苦是人的一种本性，健康、亲情、舒适、闲暇、幸福这些快乐的源泉是等不来的，而要靠人自身创造。虽说知足常乐，福由心造，如果一个人吃喝游逛，无心上进，懒懒散散，他的"心"再如何"造"快乐也难以恒久。因此培根说："人是自身快乐的设计师。"享福必先造福，快乐必先实干。

快乐是种回望，回望逝去的岁月，舍得扬弃，去粗取精，去稗留禾，收获快乐。对名誉、财富过分地贪婪，必然要付出代价，过多的拥有必然导致快乐的流失。

快乐是懂得如何去获取生命中的花朵，快乐有快乐的意义，痛苦失意时也同样有值得吸取的经验与心得。

我们每人都是一盏灯，都有一份小小的力量，可以唤醒人间的欢乐、神圣和美好，化解愁苦和怨恨。

有一则寓言：一个老人，在临死前对儿子说："孩子，我快死了，我希望你过上快乐的好日子。"

儿子说："父亲，你告诉我，怎么才能使生活快乐？"

父亲答道："你到社会上去吧，人们会告诉你找到快乐的办法。"

父亲死后，儿子就出发到外面的世界去寻找幸福。他走到河边，看见一匹马在岸上走，这匹马又瘦又老。

马问："青年人，你到哪里去啊？"

"我去找快乐。你能告诉我怎么找吗？"

"小伙子，你听我说，"马回答道："我年轻时，只知道饮水、吃草籽，我甚至把头放到食槽里，就会有人把吃的东西塞进我嘴里。除了吃以外，别的事我什么也不管。所以，当时我认为在这个世界上我是最快乐的了。可是现在我老了，别人把我丢弃了。所以我告诉你，青年时要珍惜自己的青春，千万不要像我过去那样。享受别人准备好的现成东西，一切都要自己干，要学会为别人的幸福而高兴，不要怕麻烦，这样，你就会永远感到快乐。"

青年继续走下去。他走了很多路，在路上碰到了一条蛇。

蛇问："小伙子，你到哪里去？"

"我去寻找快乐。你说，我到哪里去找呢？"

"你听我说吧，我一辈子以自己有毒液而感到自豪。我以为比谁都强，因为大家都怕我。后来，我知道我这种想法是不对的。其实大家都恨我，都要杀死我。所以，我也怕大家，要避开大家。你的嘴里也有毒液——你的恶语。所以你要当心，不要用语言去伤害别人，这样你就一辈子没有恐惧，不必躲躲闪闪，这就是你的快乐。"

青年又继续朝前走了。走啊，走啊，看见了一棵树，树上有一只加里鸟，它的浅蓝色羽毛非常鲜艳光亮。

"小伙子，你到哪里去？"加里鸟问。

"我去寻找快乐。你知道什么地方能找到快乐吗？"

加里鸟回答说："小伙子，看来，你在路上走了很多日子了，你的脸上满是灰尘，衣服也破了，你已变样了，过路人要避开你了。看来，幸福与你是没有缘分了。你记住我的话，要让你身上的一切都变得美，这时你周围的一切也会变得美了，那时你的快乐就来了。"

青年回家去了，他现在明白：不必到别的地方去寻找快乐，快乐就在自己身边，快乐了就幸福了。

是啊，快乐就是一种幸福，一个人能从平凡的生活中发现快乐，就比别人幸福。快乐是一种美德，因为它不但表现自己对世界的欣赏和赞美，也给周围的人带来温暖和轻松。

第五章　用无悔的爱筑起家的城堡

有人问佛："在这样的一个浮躁的社会，我是否一定要一直辛苦地只爱一个人？如果这样做，值得吗？"佛说："你自己觉得呢？"那人思索了半天，无言以对。

佛沉默了一会儿，开口说："既然选好了路，从此就不能再怨天尤人，你只能无怨无悔地去爱你所爱之人。因为爱就好比砖瓦，只有一块一块细心地堆砌，才能筑造起牢固的家庭城堡。"那人长吁了一口气，他用坚定的目光看了佛一眼，没有再说话，因为他已经懂了今后该怎么办。

有爱才有家

　　有人也许不明白："为何衣食无忧却心里惴惴，了无着落？为何身居暖室却仍感身心寒冷，孤苦无依？为何走了那么远的路却仍感觉前途渺茫，不知路在何方？"其实答案很简单：如果没有爱，心灵永远无处归依；如果没有爱，即使身居皇宫豪宅，同样是一无所有！

　　在美国洛杉矶，有一位醉汉躺在街头。警察把他扶起来，一看是当地的一位富翁。当警察要送他回家时，富翁说："家？我没有家。"警察指着远处的别墅说："那是什么？""那是我的房子。"醉眼蒙眬的富翁看到的只是房子，因为没有爱，没有温暖的亲情，他不觉得那是家。由此可见，即便物质上富有，但没有亲情和爱情就说不上有"家"。家是什么？装修豪华的别墅吗？其实不是，起码那不完全是真正意义上的家。没有爱的别墅只能叫房子。

　　所以说，家是爱的城堡，有爱才有温暖的家，只有家才能抚慰自己受伤的心灵，只有家才能收藏自己的欢喜悲伤。充满爱的家庭永远是我们每个人一生向往的人间天堂。但是有一个前提，有爱的人才是家，跟你一起组建家庭的人，才是家是否温馨美满的关键。

　　据报载，在非洲的卢旺达内战期间，有一位叫热拉尔的人，他们一家有40口人，由于内战，父母、兄弟、姐妹、妻儿或离散或丧生。一个偶然的机会，绝望的热拉尔打听到自己5岁的小女儿还活着，于是辗转数地，冒着生命危险找到了自己的亲生骨肉，他悲喜交加，将女儿紧紧搂在怀里。此时此刻，他说出的第一句话就是："我又有家了！"显然，在热拉尔心目中，他虽然没有物质上的家，却有精神上的家。他把家作为爱的象征，战乱虽然使他失去了太多的亲人，但他相信，有了女儿就还有寄托，就还有自己的精神家园。

没有物质的家不可怕，因为可以重新创造。可怕的是没有爱，即便住的是高楼大厦，吃的是山珍海味，穿的是绫罗绸缎，那也徒有其表，毫无幸福可言。所以，不管这个家贫富与否，成员多少，只要有爱，那就是一个温馨幸福的家。

古时有位穷苦的书生，和未婚妻早已定下婚约。好不容易盼到了自己的大喜之日，未婚妻却嫁给了别人。书生承受不了这种打击，从此一病不起。在一次拜佛之时，请求佛祖为他指点迷津，于是，佛祖把他带回了前世。书生看到茫茫大海，一名遇害的女子一丝不挂地躺在海滩上。从这儿路过的人都会看上一眼，然后摇摇头，走了。其中有一个路人，将衣服脱下给女尸盖上，走了。又路过一人，在女尸旁边挖了一个坑，小心翼翼地将尸体掩埋了。

书生不解地望着佛祖，不明白为何让他看这些。佛祖解释道，其实那具海滩上的女尸，就是你那个未婚妻的前世，而你正是那个路过她身边，给她穿上一件衣服的路人。她今生和你相恋，只为还你一个情。但是她最终要报答一生一世的人，便是最后把她掩埋的那个人。那人便是她后来所嫁之人……

"众里寻他千百度，蓦然回首，那人却在灯火阑珊处。"其实，当你与爱人携手之时，就是前世残存的记忆在提醒你了，前世埋葬你的人，就是如今在你身边，与你相濡以沫的爱人。

忽略了家庭生活，生命就会存在缺憾。工作好比是一个橡皮球，如果它掉下来，还会再弹回去。然而，家庭则是个玻璃球，一旦掉下去，便会遭到磨损，甚至会粉碎，将永远恢复不成以前的模样。

相信很多人都会有这样的经历：年少轻狂，不识家为何物；高举双手，向天寻求独立；高谈阔论，讲述摆脱家庭束缚，获得自由的美好。

每个人都曾经试图建立起属于自己的城堡，不屑于和已身处城堡中的人交流；每个人都曾经试图寻找最适合自己的城堡，却不屑于去了解自己当前所处的城堡。时光飞逝，再次用双眸注视自己所处的城堡之时，可能会发现它已失去了往日的威严。而城墙上的裂痕正是它的功勋，以表彰它的成就。几乎覆盖了整块墙面的老藤就是上天献给它的最高奖赏。城堡里的人双鬓斑白，静静地坐在那嘎吱嘎吱作响的摇椅上，似睡非睡，安详而幸福地享受着来自城堡里的浓浓爱意。

如果对方是你最爱的人，你们共同筑成了家的城堡，那么，用心爱她，让她活得幸福和快乐，把这视作是一生中最大的幸福，并为了让她生活得更加幸福和快乐而不断努力。幸福和快乐是没有极限的，所以你的努力也将没有极限。

可能有人认为这样会活得很累，其实这只是表象，因为你所做的这一切都是心甘情愿的，而且在做这些事的过程中，精神上是愉悦的，幸福的。

家，好比是一个坚实的城堡，其中的一砖一瓦都充满着爱；家，是一个终点，无论你怎样忙碌最终还会回到那儿；家，是梦想的起点，是疲惫心灵的休憩地，让你满足，让你快乐，更让你幸福。

懂得自爱，才能爱他人

　　人生在世，重在自爱。一个人，首先要懂得自爱，自爱是对自己建立一种依附关系，也就是自己被自己吸引，从而使思想转化为强大的精神力量。懂得自爱的人，必能"艰难困苦，玉汝于成"，创造无憾的、全新的、近乎完美的自我；学会自爱的人，不至于沉沦为一棵随风飘摇的小草，而可成长为一株挺拔葱郁的大树；敬重自爱的人，必能为自己画出一道海岸线，给自己送上一抹灿烂的笑颜。

　　美国著名演讲家和自强顾问蒂尔·迪安娜·施瓦茨在《激励我们》一书中说："我开始上学的时候，是班里最高的女孩。这让我觉得我块头很大，而且让我相信我很胖，因为我身处的是一个提倡苗条的世界。我 7 岁时就开始恨自己没有长得小巧玲珑，成年后还是如此，我相信自己又胖又丑，我从镜子里看到的都是我的脂肪和蓬乱的头发。有人曾经拉着我去照自己，让我知道自己长着一双漂亮的绿眼。然后，有一天，我为自己做了些事情。尽管并不是什么大事，但却让人感觉很好，最后我又为自己做了一些我喜欢的其他事情。这时，发生了一件有趣的事情。我意识到我感觉有点开心了！在那些日子里，开心并不是我生活中正常的一部分，因为我太过忙于取悦他人，为的是能够弥补我自认为不足的地方。当你忽视了自己的需要时，你是很难开心的。后来，我会做一些有爱心的事情，让自己感到更加开心，这会让我想多做一些。这种自我关注会慢慢地变为深深的自爱。现在，我觉得自己是漂亮的了。真的是很有趣，这位曾经自认为肥胖的女孩，现在却有着性感、曲线优美的身材，而体重却没有减少半斤。相反，因为自爱，我没有了看不起自己的感觉。"这位著名的演讲家告诉我们，自爱既有益于心灵幸福，也有助于身体健康。

现代社会中的一些人都很迷惑，都有个解不开的结——努力工作不应该是实现幸福生活的手段吗？为什么房子、车子都有了，而幸福却消失不见了？是啊，这也是我们很多人的同感。当初辛苦打拼奋斗时，仿佛幸福就在前方召唤我们，当我们筋疲力尽得到一切时，却发现幸福不见了。到底是谁偷走了我们的幸福呢？

其实，当他们在追求"幸福"时，殊不知幸福其实就在他们身边。我们每个人来到这个世界都在追求属于自己的幸福，幸福是一种感觉，每个人都可以为自己的追求赋予一个幸福的定义。而婚姻是一个双人舞，要想彼此幸福，就要看夫妻二人如何对共同的幸福定义。有人可能认为一家三口每晚厮守在一起，爱就在一起，这就是幸福。因此要捍卫这种幸福，越怕失去，抓得越紧。岂不知有句俗话，爱情像手里的沙子，握得越紧，沙子就会更快速地从指缝中流失。当你摊开手时会发现，那么拼命想握住的沙子，已所剩无几。因为在你用力的过程中，家早已变成了牢笼，又有谁的幸福会建立在令人窒息的牢笼中呢？

所以我们要学习放下感情枷锁，放下依赖，激活自己的生命动能，让自己有更强的动力和责任感去做有意义的事，让生命更加丰富，有力量的爱永远由自爱开始，幸福就在我们手中！

学会自爱，必须学会识己。有的人对别人总能在认真观察以后，作出全面而正确的评价，但唯独对自己缺乏认识，缺乏发现。不能了解自我、认识自我，便无以挖掘自我、开发自我、提升自我，而这是不是对自己的不负责任呢？正确地认识自我，全面利用自我，集中到一点，就是必须发现自己的才能、潜力和优势，从而扬长避短，经营自我，让自己的人生充分"增值"。美国政治家富兰克林说过："宝贝放错了地方，就是废物。"

学会自爱，必须学会自信。如果说，一个人一旦发现了自己的优势，利用了自己的长处，便能走向成功的话，那么，对一个尚未功成名就的人来说，更须创造自己的优势。一个人的优势，不是一成不变的，经过努力，是可以逐步积累，逐步创造的。积累优势，创造优势，关键在于树立自信。

黄美廉从小患有脑性麻痹，病魔让她的肢体失去了平衡，也夺走了她说话的能力。然而，外在的痛苦并没有击败她内心的奋斗精神，她昂然面对一切的不可能。后来，她获得了美国加州大学艺术博士学位，用自己的画笔画出了生命的色彩。在一次演讲中，学生问她是怎么看自己的。她用粉笔在黑板上写道："一、我好可爱！二、我的腿很长很美！三、爸爸妈妈很爱我！四、我会画画！五、我会写稿……"她最后的结论是："我只看我所有的，不看我所没有的。"什么叫学会自信，什么叫积累优势，黄美廉其言其行便是最生动的诠释。

学会自爱，不是让我们自我封闭，孤芳自赏，而是要我们懂得坚毅；不是让我们自我放纵，率性而为，而是要我们懂得律己；不是让我们自我苛求，勉为其难，而是要我们懂得进退。

避免争吵的 4 个方法

最近看到一篇关于离婚的文章，我才恍然大悟：原来幸福是和争吵有关的！文章里说：一对夫妻一直在平和中度日，两个人之间从未发生过激烈的"战争"，甚至连严格意义上的争吵也很少发生，即使是最后分手时，也是和和气气的。那天，他们一起去街道办理离婚手续。一个中年女办事员只简单地提了几个问题，就发给他们一套表格，告诉他们怎么填写。不到 20 分钟就办好了手续。

临走，那位曾经的妻子犹豫了一下，向女办事员提出了疑问："你怎么不劝劝我们就办手续？"那个女人看着他们说："如果你们两个是打打闹闹、吵着架来的，我肯定不会给你们办，我会好好劝你们回去。能吵架，说明彼此还在乎，说明心里还有爱。可是你们两人，不打不闹、和和气气地进来了，我一看就知道，不用劝，劝也没用。"女办事员的一席话，使我很受启发。是啊，天下的夫妻哪有不吵架的？只有无爱的婚姻、死亡的婚姻才了无生气，相互间毫无感觉，连话都懒得说，更谈不到吵架了。

夫妻吵架，早已司空见惯，再恩爱的夫妻也会有发生口角之争的时候。有的人在吵架中成长；有的人在吵架中受伤；有的人在吵架中和谐；有的人在吵架中分离。所有白头偕老的夫妻在一生漫长的岁月中根本不可能没有矛盾，总有太多柴米油盐的麻烦事让彼此感到头痛。谁都会有心情不好的时候，都会有烦躁的时候，如果那个时候连自己最亲近的人也不理解的话，吵架肯定是必然的。

有句老话说："争争吵吵，白头到老。"这句话的含义是夫妻之间的争吵是正常的。争吵有时也是一种心灵和思想交流的方式，也是对对方的一种关心。试想如果夫妻一方对对方根本就没有感情，那么就会出现漠不关心或者出现冷战。如果从这个角度看问题，争吵至少比冷战要好。夫妻之间通过争吵会加强了解，只是要控制好争吵的场合和激烈的程度，不要对家人和他人造成影响。

有句俗话说得好："天上下雨地上流，夫妻吵架不记仇。"事实上，夫妻间的正常争吵并不会伤害彼此的感情，争辩的结果应该是了解彼此真实的想法，达到和谐的目的。

所以说，夫妻二人生活在一起，难免有冲撞和争吵，不吵架的夫妻很少，勺子哪有不碰锅沿的呢？有些家庭，两天一小吵，三天一大吵。生活中的每件事都可能成为吵架的内容和导火索。吵小架有可能增进夫妻的感情，但吵架多了就会伤感情。吵架不能成为家常便饭，说吵就吵。吵架也应该掌握技巧，把握好"度"。

第一，人无完人，人都会有不如别人的地方，如果总是看到对方的不足，恶言恶语，伤透对方的心。这样做自认为是出了一口气，但是换来的却是对方冷酷的心。所以，吵架不能揭对方的短，只能就事论事。不要一吵架就把不愉快的往事一股脑摆出来，直到口无遮拦。

第二，不要为一丁点小事就吵，吵架毕竟给对方带来的不是快乐，而是糟糕的心情。吵架带给人的负面情绪要过些日子才能消退，经常吵架会让人总是生活在烦闷的情绪里。

第三，不要动不动说离婚，夫妻间有矛盾很正常，气头过去了，不要怀恨在心，特别是吵架之后，更不要记在心里。

　　第四，吵架之后，千万不要和对方进行对抗，坚持到底。家不是说理的地方，没有规定一方要征服另一方。夫妻之间的关系太微妙了，每吵一次都是对感情的一种伤害。即使是合好了，也总感觉和以前的味道不一样了。两口子过日子是很实在的，没有那么浪漫，两个人的观点不会完全一致的，要学会不断适应对方，相互接纳。

　　总之，夫妻两个人的争吵没有输赢，争吵只会两败俱伤。海明威曾说"你可以打倒我，但你永远征服不了我。"夫妻之间需要有效地沟通，需要学会站在对方的立场思考问题，频繁的争吵会把婚姻推进泥潭。有些夫妻吵架只是为了征服对方，控制对方，而且不分时间和场合，出言不逊，伤及对方的自尊，甚至还把"文争"变为"武斗"，最终也必定会让双方遍体鳞伤。

　　由此可见，吵架，有时候是一种增进感情的催化剂，但是绝不能伤害对方，这就是吵架的最高艺术。夫妻是除亲人之外和自己最亲近的人，平时也是在一起时间最多的那个人。无论从感情上还是从生活上都应该是最珍惜和最关心的人。

学会善意的谎言

当一位身患绝症的病人，被医生判了死刑时，他的父母、爱人、子女以及所有的亲人，都不会直接地告诉他："生命已无法挽救""最多还能在这个世界上活多久"之类的话。虽然这些都是实话，但是谁会残忍到如同法官宣判犯人死刑一样，向已经在病痛中的亲人如实相告呢？这时，大家就会达成一个统一的共识，闭口不谈实情，而以善意的谎言来使病人对治疗充满希望，让病人在一个平和的心态中度过余生。

当一个不谙世事的孩子，突然遭遇不幸，失去了自己的亲人，该怎样向他说明自己的亲人到哪里去了呢？我们觉得最好的办法还是：暂时不要告诉他真实情况，只是说到很远的地方出差去了，或者是在国外学习、工作之类。待孩子懂事了，有了一定的承受能力的时候，再以实情相告，孩子也会理解亲人的做法，不会因为没有早知实情而生气。

善意的谎言是美丽的，这种谎言不是欺骗，不是居心叵测。当我们为了他人的幸福和希望而适度地撒一些小谎的时候，谎言即变为理解、尊重和宽容，而且具有神奇的力量。

这就是说，善意的谎言是出于美好愿望的谎言，是人生的滋养品，也是信念的原动力。它让人从心里燃起希望之火，也让人确信世界上有爱、有信任、有感动。

记得曾从一本书上读到过这样一个故事：一个寒冷的夜晚，鲁兹太太正打算关上她零售店的店门，突然有个年轻人闯了进来，递上50美元，说要一份热狗和一杯牛奶。在接过那张钞票的一瞬间，鲁兹太太就断定那是张假钞。她瞟了年轻人一眼，年轻人低垂着头，一副穷困潦倒的模样。鲁兹太太不动声色地问道："能换一张吗？"

年轻人开始紧张、慌乱起来，头垂得很低，他嗫嚅了半天说："没有，太太，我……我很想要一份热狗，我一整天没有吃东西了。"鲁兹太太觉得这是一个还没有完全丧失羞耻感的孩子，对于这样的孩子，也许一块面包的温暖远比一声呵斥更有震撼力。想到这儿，鲁兹太太不再迟疑，马上找零钱。

在年轻人转身离开的当口，鲁兹太太忽然大叫一声，手捂着胸口踉跄了几下。年轻人吓坏了，赶紧上前扶着老人。"快！"鲁兹太太把那50元的假钞塞到年轻人手里，"到对面的诊所买药，就说鲁兹太太病了。"

年轻人走后，鲁兹太太麻利地抓起电话，打到那个诊所，那是她弟弟开办的。鲁兹太太在电话里说："如果有个年轻人来给我买药，给他三四十美元的药好了，另外，他手里有一张50美元的假钞。"放下电话，鲁兹太太默默地祷告着，如果他真是个富有爱心和责任感的孩子，他就一定会回来。一会儿，诊所的电话打过来了，告诉鲁兹太太，年轻人已经拿着药走了，没有用假钞。鲁兹太太长吁了一口气，庆幸自己没有看走眼。

那个夜晚，年轻人左右不离地陪伴着"病中"的鲁兹太太。天亮后，鲁兹太太感激年轻人"救"了自己，竭力挽留要离开的年轻人，请他帮忙照看几天零售店。

几年过去了，那个小店变成了超市，超市又有了子超市，而那个年轻人就是在美国靠零售业发迹的怀特。

在那个风雪之夜，鲁兹太太用善意的谎言，让怀特不失自尊地接受了她的帮助。

　　生活中，很多时候都需要善意的谎言。有一个学生，他对长跑并不是很在行。但在一次测试中，老师告诉他的长跑速度比其他同学快，而且还说他有机会代表学校参加比赛，叫他好好努力。那位学生听了老师的话之后非常兴奋，因为一直认为自己没有长跑天赋的他，竟然能代表学校参加比赛。从这天起，他真正喜欢上了长跑，并且每天坚持起来跑步。过了一段时间后，本来完全不能代表学校参加比赛的他，竟然真的被选上了。

　　曾经有一位教师，撒了一个谎，说自己可以给学生预测未来：他将来可能成为数学家，他能当作家，那一个具有艺术天赋……在老师的指点、熏染、鼓励和塑造中，孩子们变得勤奋刻苦，懂事好学。几年后，大批学生以优异的成绩迈进大学的校门，小村也因此闻名遐迩。人们都以为这位老教师能掐会算，可以感知未来，其实，老师的良苦用心是将一个美丽的谎言种植在孩子的心灵，就像播一粒种子在土里，终将枝繁叶茂，开花结果。

　　读美国短篇小说《最后一片叶子》，眼睛总是湿湿的。当生病的老人望着凋零衰落的树叶而凄凉绝望时，充满爱心的画家用精心勾画的一片绿叶去装饰那棵干枯的生命之树，从而维持一段即将熄灭的生命之光。这难道不是谎言的极致吗？

　　善意的谎言，是赋予人性的灵性，体现着情感的细腻和思想的成熟，促使人坚强执着，不由自主地去努力，去争取，最后战胜脆弱，绝处逢生。

唠叨不休会毁掉婚姻

有人说，男人的婚姻生活能不能幸福，关键就在于他太太的脾气和性情。就算一个女人拥有全天下的所有美德，然而，如果她脾气暴躁，一点小事就喜欢唠叨不休，喜欢挑剔和个性孤僻，那么她所有的其他美德全都等于零。

社会上有许多男人失去冲劲，而且放弃了奋斗的机会，是因为他们的太太总是对他们每一个希望和心愿猛泼冷水，永无休止地挑剔，不停地想要知道为什么丈夫不能像她所认识的某个男人那样有许多钱。或者是她的丈夫为什么写不出一本畅销书，谋不到某一个好职位。像这样的太太，只会使丈夫气馁。唠叨和挑剔带给家庭的不幸，甚至比奢侈和浪费还要厉害。

美国有一位著名的心理学家，他对一千五百多对夫妇进行了详细的调查研究。结果显示，丈夫们都把唠叨、挑剔列为他们太太最大的缺点。盖洛普民意测验也得出了相同的结论：男人们都把唠叨、挑剔列为女性缺点的第一位。测验中也发现没有其他的个性会像唠叨和挑剔那样，给家庭生活带来这么大的伤害。

然而，似乎从远古的穴居时代开始，太太们就想尽办法以唠叨和挑剔的方式来影响自己的丈夫。传说，苏格拉底大部分时间都躲在雅典的树下思考哲理，以这种方式来逃避他那脾气暴躁的太太兰西勃。连法国皇帝拿破仑三世和美国总统亚伯拉罕·林肯这样杰出的大人物，也都受尽了妻子唠叨的痛苦。

女人总是想用唠叨的方式来改变自己的丈夫。但是从古至今，这种方法从没有发生过效用。

因此卡耐基说："在地狱中，魔鬼为了破坏爱情而发明的总能成功的恶毒办法中，抱怨和唠叨是最厉害的了。它永远不会失败，就像眼镜蛇咬人一样，总是具有破坏性，总是置人于死地。"

在夫妻生活中，应当特别警惕一些对夫妻关系破坏性最大的因素——抱怨和唠叨。事实上，不少男人离开家庭的原因之一就是因为太太唠叨不停。她们不停地唠叨其实是在慢慢自掘婚姻的坟墓。

女人唠叨时尽管有理由，但结果往往是"唠叨"本身破坏了女人一切的合理性，女人由此处于被动甚至更糟糕的境地。破坏女人神秘感的往往是女人的唠叨，而男人最忍受不了的就是女人的唠叨。对于女人的唠叨，如果男人知道错了，你的提醒会让他有一点羞愧，你再说多，会让他们恼羞成怒，他会忽略你唠叨的原因，而你的唠叨反而成为他犯错的理由。生活会教育人，你不说话不代表你没有话，此处无声胜有声，说的就是这个理。

托尔斯泰伯爵夫人也发现了这点——可是太晚了，在她逝世之前，她向几个女儿们承认道："是我害死了你们的父亲。"她的女儿们知道，她的母亲说的没错，她们知道她是以不断地埋怨、没完没了的批评和没完没了的抱怨和唠叨，把父亲害死的。

从各方面来说，托尔斯泰伯爵和夫人应该是幸福的一对。两本巨著《战争与和平》和《安娜·卡列尼娜》奠定了托尔斯泰在世界文学上的地位。但托尔斯泰的一生又是一场悲剧，而之所以成为悲剧，原因在于他的婚姻。他的夫人喜爱华丽，但他却看不惯。她热爱名声和社会赞誉，但这些虚浮的事情，对他却毫无意义。她渴望金钱和财富，但他认为财富和私人财产是罪恶。

多年以来，由于托尔斯泰坚持把著作的版权一分不要地送给别人，她就一直唠叨着、责骂着、哭闹着。她要拿回那些书所能赚到的钱。当他不理会她的时候，她就歇斯底里起来。在地上打滚，手上拿着一瓶鸦片，发誓要自杀，以及威胁说要跳井。

当托尔斯泰82岁时，他再也不能忍受家里那种争吵不休的情形了，于是在一个下着大雪的夜里，逃离了他的夫人——逃离了寒冷的黑暗。11天以后，他因肺炎死在一个火车站里。他临死前的要求是，不许她来到他的身边。

这就是托尔斯泰伯爵夫人唠叨、抱怨和歇斯底里所得到的结果。可见，如果你要维护家庭生活的幸福快乐，保持美满的婚姻，就必须要远离抱怨和唠叨。如果不想毁掉婚姻，请避免唠叨。

有一种爱叫放手

有人说，爱是一种伤害，凡是造成伤害的，只是挟持了爱，而非真爱。有这样一句话："如果你不爱一个人，请放手，好让别人有机会爱他；如果你爱的人放弃了你，请放开自己，好让自己有机会爱别人。"这话直白但很有道理，也从一个侧面教会了我们如何对待爱情。

有的东西你再喜欢也不会属于你，有的东西你再留恋也注定要放弃，爱是人生中一首永远也唱不完的歌。人一生中也许会经历许多种爱，但千万别让爱成为一种伤害。

天鹅湖中有一个小岛，岛上住着一位老渔翁和他的妻子。平时，渔翁摇船捕鱼，妻子则在岛上养鸡喂鸭，除了买些油盐，他们很少与外界往来。

有一年秋天，一群天鹅来到岛上，它们是从遥远的北方飞来，准备去南方过冬的。老夫妇见到这群天外来客，非常高兴，因为他们在这儿住了那么多年，还没有谁来拜访过。渔翁夫妇为了表达他们的喜悦，拿出喂鸡的饲料和打来的小鱼招待天鹅，于是这群天鹅跟这对夫妇熟悉起来。在岛上，它们不仅敢大摇大摆地走来走去，而且在老渔翁捕鱼时，它们还随船而行，嬉戏左右。

冬天来了，这群天鹅竟然没有继续南飞，它们白天在湖上觅食，晚上在小岛上栖息。湖面封冻，它们无法获得食物，老夫妇就敞开他们的茅屋让它们进屋取暖，并且给它们喂食，这种关怀一直延续到春天来临，湖面解冻。

　　日复一日，年复一年，每年冬天，这对老夫妇都这样奉献着他们的爱心。有一年，他们老了，离开了小岛，天鹅也从此消失了，不过它们不是飞向南方，而是在第二年湖面封冻期间饿死的。

　　人与自然相通。有时候看似伤害，其实是一种关爱。而有时候爱得多了，却恰恰是一种伤害，并且致命。在这个世界上，最伟大的莫过于爱；但爱也要有个度，超过这个度，爱就有可能变成一种伤害。所以说，在适当的时候，要学会放飞你的爱人，否则，在不可知的未来，你的爱也许会变成一种伤害。

　　《霸王别姬》，是一个感动了许多人的爱情故事，被几代人演了又演，唱了又唱，始终荡气回肠，绵绵不尽。虞姬用她的刻骨柔情换得项羽的豪情天纵，把霸王别姬的故事推向了高潮……抛开战败的背景，我们感慨叹息，却始终道不出这样的结局是喜是悲。

　　有些缘分一开始就注定要失去，有些缘分是永远都不会有好结果。《梁祝》一曲说尽几代缠绵，给人无限伤感。所有人都看到了梁、祝二人的痴情，而又有谁想过马文才？那个祸源。他该放弃的，如果真爱，那就让她自由，给她幸福，而祝英台的幸福是和她爱的人在一起。把一个没有灵魂的躯壳缚于身旁又有什么意义呢？他明明知道结局是悲剧。不知道他有没有后悔过，宁肯失去自己爱的人，也不要让她的爱成为绝恋。

　　爱一个人不一定要拥有，但拥有一个人就一定要好好地去爱他。话说着容易，可一旦做时就真的很难。因为，爱情往往不如想象的那般完美，即使两个人仍相爱，即使他们都想好好地爱，一旦有了裂痕，就无法修复，爱就如同水晶般易碎。

　　爱是人生中一道美丽的风景，当你拥有一份真爱时，一定要真心对待，好好珍惜，千万别让爱成为一种伤害……

第六章　找到工作与生活之间的平衡

现代社会节奏飞快，许多人都忙于工作，忽略了家人，忘却了生活的真谛。究竟该如何处理好工作与生活的关系？如何平衡两者？工作是一个橡胶球，你把它丢在地上，它还会弹回来。但是家庭、健康、朋友和精神是玻璃球，如果你把其中任何一个丢在地上，它们将不可避免地磨损，留下印痕甚至支离破碎。你必须懂得那些，并且致力于你生活中的平衡。

带着脑子工作

我们在工作时，不只要用手去做，更要用脑子去想。不管工作有多忙多困难，都要在必要的时候停下来好好想一下，而不要觉得事情就是这样了，再怎么努力也没办法了。你只有在工作中主动想办法解决困难，坚持不懈，不找任何借口，才能成为公司中最受欢迎的员工及市场经济中最受欢迎的人。

以前，大多数工厂里的工作都是一些体力活，所以只需要员工做体力工作就可以了。然而到了市场经济较为发达的今天，工作性质发生了巨大变化，现在企业的发展不仅需要传统的技术工人，同时更需要能够适应新形势，积极动脑寻找方法去工作的新型员工，他们才是市场经济中最受欢迎的人。

可以说在市场经济竞争无比激烈的今天，企业已经没有多余的精力及金钱去雇用一些不爱动脑的人。企业需要的人才，是拥有创意及应变能力的员工，能帮助企业解决问题的员工。一个企业总经理对他的员工说："我们的工作，并不是要你去拼体力，而需要你带着你的大脑来工作。"这也就是说，在当今的经济发展中，一个好员工应该勤于思考，善于动脑分析问题和解决问题。

曾在一本书上读到这样一个故事：一天，一个制造工厂的首席执行官决定到基层转转，进行他的"走动式管理"。正当他四处走动的时候，碰上了一个名叫特德的设备操作员，很明显特德正无事可做。他便问特德发生了什么事，这个员工解释说，他正在等一个技术员来校准设备。这个时候，特德也不失时机地向首席执行官抱怨自己已经等该技术员很长时间了，电话打了好几次，还不见人来。

首席执行官问："特德，请你告诉我，这台设备你用了多长时间了？"

特德回答说："哦，先生，我想大概有 20 年了。"

首席执行官继续说："特德，你是不是告诉我，用了 20 年你还不知道如何校准这台设备？这很难让人相信。因为我知道你可能是我们最好的机械师。"

"哦，先生"特德自豪地回答："我闭上眼睛都能校准这个设备。但你知道，校准设备不是我的工作。我的工作描述上说了，期望我使用这台设备，并将校准方面的问题报告给技术员，但不必修理设备。我不想让任何人烦恼。"

首席执行官忍住自己的沮丧，邀请这位设备操作员到办公室，并请他拿出一份工作描述。"我要告诉你"首席执行官说："我们将为你写一份更有意义的全新工作描述。"首席执行官再没有说其他的话，就将那份工作描述撕掉了，并很快在一张新表上写了点什么东西，递给了特德。

新的工作描述就一句话："用你的脑子。"

这个故事发人深省，它告诉我们不动脑子混日子的工作时代已经过去了，一个人要想工作顺利，就得用智慧工作，时常动脑子。

北京一家大型电子商务公司的负责人在谈到目前市场经济中最受欢迎员工的工作方式时认为：最受欢迎的工作方式是用大脑工作。因为，用脑工作的员工会去考虑如何用最低的成本，最少的时间把工作做得更好。

1952 年，由于受经济大潮的影响，日本的东芝电器公司积压了大量电扇销售不出去。为此，公司的有关人员虽然绞尽脑汁想了很多办法，但销量还是不见起色。看到这个情况，公司的一个基层小职员也努力地想着办法，为能让公司的电扇销售出去，小职员几乎废寝忘食。一天小职员看到街道上有很多小孩子拿着许多五颜六色的小风车在玩，突然想到：为什么不把风扇的颜色改变一下呢？这样既受年轻人和小孩子的喜欢，也让成年人觉得彩色的电扇能为屋里增光添彩啊。

想到这里，小职员急忙跑回公司向总经理提出了建议。公司听了这个建议后非常重视，特地召开了大会仔细研究并采纳了小职员的建议。第二年夏天，东芝公司隆重推出了一系列彩色电扇，一改当时市场上一律黑色的面孔，很受人们的喜爱，掀起了抢购狂潮。短时间内就卖出了几十万台，公司大量积压的电扇变成了抢手货，公司很快摆脱了困境。而这位小职员不但因此获得了公司2%的股份，同时也成为公司里最受大家欢迎的职员。

可以说思考是人类特有的能力，在市场经济中，我们要学会多思考，学会用脑子去工作。努力工作是一件好事情，但是光努力是不够的，还要多动脑，多思考，这样才能真正做出成绩，获得成功。

生活和工作同样重要

　　工作与生活是人生的两个基本支点，处于人生天平的两端，若平衡不当，对我们的生活质量、工作绩效乃至个人发展都将带来负面影响。如何实现工作和生活的平衡，已经成为现代社会高节奏下生活的一个重要课题。平衡工作与生活，能够使人们在工作中因提高了收入和获得成就感而感到快乐。

　　有一本书名叫《工作向左，生活向右》就是讲工作与生活要平衡发展。一个国家要平衡发展，一个人或一个家庭也要平衡发展，这样才能持久。比如爱情，爱情不是施舍，爱情也不是婚姻的前提。当男女共同组成一个家庭的时候，要相互体谅，更要追求平衡发展。社会对于男人的期望很高，相比一个女孩子，男孩子会得到更多的发展机会，即使这个人比女孩子略逊一筹。对于女孩子来说，要取得事业的成功，要比男孩子付出的更多。结婚对于女孩子来说是个巨大的挑战。在家庭内部，生理上要准备生孩子，心理上要担负起照顾丈夫的责任，在社会上她要成为社会价值的创造者，老板不会因为你家庭负担重就放低对你的要求。要出类拔萃，就需要付出艰辛的努力。职场上的失意，会让女孩子将重心转回家庭，越转回家庭则越无心工作，如此一来，工作难免会一塌糊涂。大多数女孩子并没有意识到这样的危机，甚至认为以家庭为重心才是贤妻良母。殊不知，老公早已在职场上春风得意，见惯了年轻漂亮干练的女同事，拿她们和家里的老婆一比，落差太大。虽然过去你也曾年轻漂亮干练，但是现在你已人老珠黄，美这种稀缺资源在你身上已经完全没了踪影。相反，以前的那个穷小子现在成熟、稳重、自信、富有。所以，女人一定要独立，不仅要有一份工作，而且要有一份自己的事业，争取与老公齐头并进。而老公呢，也应该体谅妻子的艰辛，为她的发展提供帮助，老公和老婆要共同努力才能维持美满的婚姻。

那么，我们究竟是选择一边倒地拼命工作，还是选择平稳上升的美满生活？如何平衡好我们的事业和生活也是一门艺术。

最近"平衡"成了时尚人士关注的焦点。是不是事业成功就可以掩盖掉你付出的所有代价？答案不一。但毋庸置疑的是，越来越多的人在努力寻找工作和生活的平衡，事业和家庭的平衡，外界和自我的平衡。在"成功"几乎成为衡量人生价值的今天，失衡的生活就像漂亮的塑料盆景，外表的风景再美，也掩盖不了背面的粗糙，而平衡的生活才是健康的生活方式。

曾读过一篇文章，牧师让学生把六根钉子在一颗钉子上摆平衡。学生没有做到，老师就亲手示范并讲出一番深刻的人生哲理：一个人必须找到生命的平衡点才能谋求发展。生活中常会有些如钉子一样多而无序的担子，压得我们喘不过气。捡了这根丢了那根，总是不可能在有限的生命里，在不宽敞的生活层面上找到平衡点把它们稳稳地担起。我们也习惯整日忙于应付各种无序的担子自己担起，却从未想过理出生命里最重要的两根钉子来当基点，其余再多的担子也能在这基点上找到平衡。有了这个平衡就敢放手，有了这个平衡就会重新拣选你的生命，把那最重要的放在"四两"的基础上去挑那些"千斤"的重担。

学会信任，学会放手，学会找到生命的支撑点，理出生活的头绪，让生活里各种担子在这个支撑点上找到平衡，心也不会再摇摆了。现在做的工作或微乎其微抑或多如牛毛，但当你在这个平衡点上工作时，就会永远稳固轻松。

我有一个朋友，他总是跟我说他整天忙着工作。这话在某些人听来可能很熟悉："我的生活也总是围着工作转，虽然这些天我已经找到了一个较好的平衡点去安排我生活中重要的事情，包括工作、家庭和我感兴趣的其他事情。但某种程度上工作就是生活。"

其实，工作和生活并不矛盾，工作是生活的一部分。对一些人，工作不是生活中最有趣的部分，但对另一些人，工作就是一种激情。不管是哪种，工作都是我们生活的一部分，有好也有坏。所以，重点是明白我们要寻找的是喜欢干的事情和工作、家庭之间的平衡点。

怎样发现这个平衡点，这里有些建议可供参考：

（1）安排好时间。这对那些经常使用日历记事或者能够坚持使用日程表的人有好处。为一周里所有重要的事情安排好时间。这里建议安排好所有事情，但是工作总是第一位的（除非你有固定的工作时间），这样可以保证你拥有业余时间并且在业余时间里做任何想做的事情。但是不要安排得太满，要留点自由时间，因为排满的日程表总会被打乱。最好在你排好的整块时间之间留点空余，否则你会因为前一件事情拖太久而不得不放弃后面的一些计划。

（2）设置限制。这对那些一开始工作或一做事情就停不了的人有好处。举个例子，如果你每天都工作10～12小时，设置一个每天8小时的时间限制，并且坚持执行。如果你有一个比较灵活的日程安排，你甚至可以考虑再缩短工作时间，努力为自己提供更大的自由时间。只要你设置了时间限制，你总能在规定的时间内完成任务。这就意味着减少不必要的时间浪费。比如偶尔上网，或者那些别人托付的但完全没有必要自己去做的事情。

（3）与家人和朋友约会。尝试着与家人和朋友约会，而不要只是喊口号："我要花更多的时间和我的家人和朋友在一起。"可以是与配偶或心仪对象的浪漫约会，或者是与朋友或孩子或其他家庭成员的普通约会。你或许不必称之为约会，仅仅是安排一个时间和他们一起定期做些事情。也不一定要花很多钱。可以是很简单的事情，如一起在公园里散步或一起玩棋牌游戏或为对方做饭或捧着爆米花一起看 DVD。

（4）与自己约会。我们经常为我们的家人或其他亲人留出时间，但是却忽略了我们自己。为自己预留一些时间，一个人做些自己喜欢做的事情。对我来说，我喜欢阅读和跑步，但是其他人可能喜欢做手工或思考或瑜伽或步行或冲浪或其他的事情。只要安排好时间不要错过这个放松自己的机会。

（5）有一个伙伴。有时候有一个伙伴有助于你约会，不管他是一个培训合作伙伴还是一个打算在项目上帮助你的人或者是与你有相同爱好的人。也不管是早晨还是下班后，或者是午餐时间还是周末的第一件事，但是这很管用。如果你有一个伙伴，有时候你更可能去坚持约会。

（6）定期检查你的生活。你可以在跑步的时候反思，同样你也可以在独自一人的时候进行反思。我们的生活经常会偏离我们最初设定的轨道，除非经常反思，我们才能实现生活的目标。或者我们可以过一种有规律的生活，但我们也没想过如何改变这种生活。经常自我反省是一种很好的方式。思考你的生活会怎样，你如何花费你的时间，并决定你是否需要作出改变。然后立即安排时间进行这些改变。

（7）适当放慢节奏。适当放慢节奏。慢点走、慢点开车、慢点说话，关注一下周围发生的事情。尝试一下瑜伽和冥想。你不需要跑着生活。

（8）如果和周围的文化氛围格格不入，不要勉强自己。工作压力、飞快的生活节奏，好像周围的人都在向你鼓吹和赞美这种生活方式。如果这不是你想要的，没必要随波逐流。你是一个有自己感受和需求的人，你不需要屈就那些不符合你的价值观的东西。

（9）克制你的物欲。如果克制住去买那些你并不需要的东西，你可能就没有这么大的工作压力了。那些你觉得买来就会改变你生活的东西，在拥有后往往并不能填补你的空虚。和你周围的人攀比不能给你带来满足和快乐。想想到底什么是你真正需要的。

（10）有空余的时间做一些有意义的事情。比如，做一些志愿者的工作。发现自己的能力，发挥自己的长处。

做生活的有心人

人活在世上，常常会感到生活很艰难。但如果真的身体力行地用心经营生活，其实日子还是可以过得轻松而有趣。用心对待工作，用心处理人际关系，用心经营身心健康。一路走过，待回头看时，自然会发现生活会是那么美好。

生活的乐趣，无非是在纷繁琐碎的俗务里，品味出诗情画意的美；在柴米油盐的空隙中，感受着真挚动人的情。虽终是平凡之人，生活却也因此平添几分色彩。正如在这焦躁不安的世界中，为自己的心灵找到了一点绿茵，哪怕只是一点点，却能使自己的心变得清新而明朗，使自己的生活变得简单而老实。很多时候，感动不是因为激情和浪漫，而是来自谁都无法诉说的平淡。

用心生活，包括人际关系也需要用心经营。久别情疏，即便再好的朋友，如果时隔几年一直互不联系，即便时间不会把友情淡化，在难得一见时，因为世事变迁，哪怕心心相通，也恐怕在表面上会形同陌路。这样的话，朋友也似乎失去了它本来的意义。偶尔的电话，相互倾诉彼此的生活琐碎与烦恼，相互分享彼此点点滴滴的快乐生活。在忙碌生活的空闲之余，问候远方朋友的生活状态，并予以祝福与期待；在朋友生日时主动说一句简简单单的"生日快乐"；在朋友有困难主动找你倾诉时，你的耐心倾听便是最大的理解与慰藉。如此，有了真正的友情，生活也就多了一份情调与趣味。

此外，更不要忘了那血浓于水的亲情。或许出于时间与空间等种种因素，无法消除那确实存在的代沟，但也要尝试去理解父母或其他长辈。可怜天下父母心，相信他们才是这个世界上最爱我们的人，才是这个世界上真正为我们心甘情愿付出一切的人。也许，只有当我们自己为人父母时，才会真正体会到那种无私的爱。那么即便现在不能完全理解，相信它的存在与可靠肯定会让此生少点遗憾。

爱工作，爱别人，更要爱自己。不是出于自私，因为爱自己是其他一切东西的前提。爱自己从心做起，从健康做起，从行动做起，从点滴做起，从现在做起。酗酒吸烟，或许真的有那么潇洒，只是到最后时间会对这别样的潇洒做出惩罚。萝卜白菜，饮食有度，经常运动更会让人精力充沛。而积极进取，活到老学到老肯定会让你感觉青春并非只有一次，生活充满激情会是如此有趣。

用心生活看似很难，但真的只要点点滴滴地去做，用心去做，必将发现：其实，完全可以过得更好。

一个人活着，可以像燕子掠水般划过生活的表面，不被任何东西刻骨铭心地触动，但这样的生活又有什么意义？

有人说，一个追求生命意义的人才有可能是一个具有生命境界的人。生活的质量有高有低，我们应该去做那种具有生命境界，享有高质量生活的人。

又有人说，生命的意义在于承担。承担对于自己以及家人、朋友、国家、社会的责任便是生命的价值。初看这话似乎有点偏激，细想却觉得不无道理，它道出了人这一生真正需要干什么。人不免一死，在这短短的一生中，每个人只要尽其所能，承担好自身所固有的那份责任，努力使自己以及家人、朋友生活得更好，使整个社会因为自己的贡献能有所进步，然后再去承担或者享受人生。

所以，每个人都应该持有这样一种生活态度：用心去生活，明白自己的各种职责所在，尽心尽力去维护。树立好各方面合理的目标，努力去追求。任何时候都不任意自我消沉，不放纵自己的惰性，绝不将自己的激情消耗在虚无缥缈的世界里，像行尸走肉一般。要时刻保持清醒的头脑，保持积极向上进的心态，重视身边的亲情、友情与爱情。关心社会，热爱生活，踏实过好每一天。

我曾经在笔记本上写下这样一句话："在事业上要尽力奋斗，同时也要去领略生活中的乐趣。其实，为事业而奋斗也是一种生活的乐趣，并且是一种很大的乐趣。"生活的乐趣有很多，我们只要用一颗平常心去感受，家庭的和谐会让人倍感温馨、景色的迷人会让人心旷神怡、运动的畅快会让人精神焕发……还有一种高雅神奇的乐趣，那便是艺术，包括文学、音乐、书画、摄影等。我觉得，既然人类社会存在艺术这门学科，并且它能够让我们突然之间就有那么一种"超脱"的感觉，使我们获得某种神奇的精神享受和情感的满足。我们要想终身获得这样一种乐趣，也就是通常所说的"艺术地生活""诗意地生活"这也是完全有可能的。

那怎样去实现这种可能呢？这就更需要用"心"去生活。多看、多听、多想、多感受，陶冶自己的性情。学会欣赏，便会在心里滋生出一种生活的美感，如涓涓细流，让人一生都在它的洗礼与滋润中，困惑迷茫时能及时得到它的感召，永远都不再觉得生活枯燥无味。从现在开始，用心生活，做个生活中的有心人。

科学管理自己的时间

在中国历史上，有一句流传久远的谚语："一寸光阴一寸金，寸金难买寸光阴。"这句话表明中国人很早就认识到了时间管理的重要性。而"人生有涯"更是将时间管理与人的"生命有限论"紧密联系在了一起。

时间是世界上最充分的资源，每个人每天都拥有 24 小时，然而时间又是世界上最稀缺的资源，人的每一天都只能拥有 24 小时。因此，在有限的生命周期内尽可能地提高工作效率，发挥出我们所有的聪明才智，做出最大的成绩，科学地管理好自己的时间就显得尤为重要。

传统的时间管理观念认为：效果比效率重要，选择比能力重要，平衡比速度重要。但是当今社会，市场竞争日益激烈，客户的要求和期望值不断提高，企业组织结构日益复杂，工作日程安排日趋紧凑，工作节奏不断加快，对工作的精细化要求不断提高。在这种情况下，如果只讲效果不讲效率、只讲选择不讲能力、只讲平衡不讲速度，其结果不仅是完不成任务，实现不了预期的工作和经营目标，最终只会被市场所淘汰。只有那些做事井井有条，懂得科学安排和管理时间的人才会永远立于不败之地。

因此，可以这样说，世界上最为宝贵的莫过于时间，因为在某种意义来讲，时间就是生命的代名词。就像我们一向重视理财一样，时间同样应该得到科学有效地管理。那么我们应该怎么做呢？我认为要注意以下几方面：

首先，学会每天清早做计划。美国某公司的董事长赖福林每天清晨6点之前准时来到办公室,先是默读15分钟经营管理哲学的书籍,然后便全神贯注地开始思考本年度内不同阶段中必须完成的重要工作以及所须采取的措施和必要的制度。接着就是重点考虑一周的工作。他把本周内所要做的几件事情一一列在黑板上。大约在8点钟左右,他在餐厅与秘书共进咖啡时,就把这些考虑好的事情商量一番,然后做出决定,由秘书具体操办。赖福林的时间管理法,极大地提高了公司的工作效率,引起了美国各公司的高度重视和赞扬。

其次,学会如何区分重要任务与紧急任务。通常我们会认为,应该先处理急事而不是重要的事。所谓重要的事情,是指真正有助于达成我们的目标的事情,是让我们的工作与生活更有意义、更有成就的事情,但是这些事情通常并不是那么迫不及待,而这点也恰恰是时间管理的最大误区。从这时开始,我们就成了时间的奴隶而不是时间的主人。

要想不成为时间的奴隶,我们就要把重要的事放在第一位。而紧急的事,首先需要确定自己的工作范围。很多人整天忙得团团转,实际上处理的不是自己的工作而是别人的工作,因为无原则地接受他人的工作,因此每个人都认为可以将工作交给他做。其次,要尽量将紧急的事情中能够委托他人完成的交给别人完成,当你不得不处理时,也要尽量提高效率,能够同时处理的尽量同时处理。

最后,如果你是管理层,不妨试一下站着开会。你有没有这样的体会,在一个公司中最漂亮的房间,往往就是公司的会议室。在会议室中,不但有明亮的灯光、舒适的坐椅,饮水机、咖啡机、微波炉等往往一应俱全,甚至还有新鲜的水果。在加班的时候,会议室又往往成为聚餐的场所,大圆桌上摆满了食物，加班变成了聚餐。其实，如果你是公司的管理人员，不妨尝试一下站着开会。日本的会议室不像我们国内这么舒适，而是十分简陋，不但无烟无茶，而且没有椅子。开会的人都站着，用简陋的条件控制会议的长度，管理时间资源，提高开会的效率。他们每次开会之前，都在会议室里张贴本次会议的成本、人数、时间、工时费用，最后累计起来公布，使主持会议的人和参加会议的人心中有数。开短会，开高效率的会，不说废话。

如今，大家都在提倡节约，但除了物质上的东西要节约以外，还有时间。对时间这种不可再生资源的节约显得更加珍贵。时间不能够再造，逝去的时间将不再复还，所以节约时间，从某种意义上说就是提高效率。

试想想，一分钟是可以做很多事情的，一分钟可以打100多个字、可以走100多步路、可以看1~2页书。这样算下来，一个小时，就可以打6000多个字、走好几千步路、看好几十页书。所以，只要充分利用时间，一天中还是能多做很多事情的！

回想小时候，每次假期作业都是在放假的最后几天完成的。为什么呢？因为在一开始的时候总是想着玩，想着还有很多时间，所以每天只作一点作业，直到最后才开始进行"突击"。而"突击"出来的作业，字迹潦草，质量不高，但由于时间来不及了，也只好草草交差。现在工作中仍然存在这种情况，工作安排下来，不能够合理地安排计划，而是等到快要被考核了，才匆忙准备，往往工作质量不高，还会被领导批评。这种浪费就更严重，因为不但时间浪费了，工作质量还受到了影响。

大家想一想，有多少人因为浪费了时间而追悔莫及？又有多少人因为没有好好珍惜自己的时间，而错过了许多成功的机会？

"如果当时安排好自己的时间就好了!""如果当时能节约时间就好了!"当人们做这样的感叹和懊悔时,往往已经时过境迁了。但是,时间是不会倒流的。与其这样后悔,不如现在开始,从我做起,节约每一分钟时间。

放慢自己的生活节奏

"时间就是生命，效率就是金钱。"富兰克林的这句名言曾经在20世纪晚期从深圳席卷全国，创造了"深圳速度"。人们来也匆匆，去也匆匆。快节奏，高压力地忙着工作，忙着赚钱，疲于奔命。后来很多人拼搏数载，小有成就，但却以失去健康为代价。虽然赚了点钱，却感受不到幸福。于是，他们深切地醒悟到早已风靡国外的"慢生活运动"应该是合理的。

下面这则寓言或许能给我们一些有益的启示：

一只小老鼠在拼命奔跑，乌鸦见了说："小老鼠，你为什么跑得那么急？歇歇脚吧。""我不能歇，我急着要看看这条路的尽头是啥模样。"小老鼠回答说。乌龟见了问道："小老鼠，你为什么跑这么急？来晒晒太阳吧。""不行！我急着要跑到这条路的尽头，看看究竟是啥模样。"小老鼠回答。

一路上，小老鼠拼命奔跑，从来不敢停歇，直到有一天它终于跑到了尽头，在一棵大树桩下停了下来。"原来路的尽头就是一棵树桩啊！真没劲！"小老鼠叹息道。"早知这样，好好欣赏欣赏沿途的风景，该是多美好啊……"小老鼠后悔了，但这时，它已经老得再也跑不动，甚至连眼皮都抬不起来了。想来自己碌碌一生，只顾奔跑，却无暇享受生活，真是追悔莫及。

当今社会风云变幻，发展速度之快，让人摸不着头脑。只是觉得生活节奏加快了许多，人人都觉得比过去忙了。竞争愈演愈烈，不管遇到谁，不管跑到哪儿，都是一个字："忙！"匆匆忙忙的人们，你们从这只老鼠的遭遇里，能领悟到什么呢？

　　一个在中国富人榜上有排名的人，每天工作十几个小时，每天的工作量都很大，总觉得自己的企业应该成为沃尔玛，自己的排名还应该更靠前。信心当然可贵，志气也可嘉，可是要这样比下去的话，我们绝大多数的人都不应该有喘气的机会了。

　　有的时候，我们真的应该静下来，问清楚自己："究竟需要一种什么样的生活？"我们努力工作没有错，可是每天只有工作没有时间和家人在一起，没有时间去享受生活。自己挣了许多钱，可是连花的机会都没有，我们的目光是不是太短浅了一点？难道只有金钱和地位才是我们人生的追求目标吗？在快节奏的工作中，你应当学会放弃一些东西，然后试着慢下来生活，这样你才会看到更美的风景。

　　古人早就懂得"我身如寄"的道理。显赫富贵，只是些过眼烟云，如果为此穷尽一生，岂非本末倒置？其实，财富和幸福都蕴藏在日常的事物之中。真正的幸福在于发现自我，悠然享受。汉乐府《江南》为我们展开一幅生动的慢生活画卷："江南可采莲，莲叶何田田，鱼戏莲叶间……"鱼和莲的关系，也可比作现代社会中人和物质的关系。世俗生活需要有个人成长的空间，就像中国书画中的留白，让一个人可以容纳，可以游刃，可以鱼戏。人生如流水，若莲叶太满，清流也变成死水一潭。

　　慢生活不是对生活的漫不经心，不是一种懒惰，而是在繁忙之后用一点时间来对人生进行冥想，是享受真我的生活。生命是有限的，而我们可以把有限的生命以慢的方式拉长。贴近自然，用慢的姿势和节奏丰富我们的心灵，也丰富我们有限的生命。

　　所以有人说："幸福和快速无关，也无缘。"幸福需要时间来品尝。幸福只是在于你与周遭人的关系，在于你和自己的关系，如此而已。幸福不在前面，死神在前面。幸福在身边，在你驻足一看的瞬间。天空、草地、河水、白云、山花，请你驻足一看。看你生命的足迹，看你爱人的目光。别急，多看一会儿，幸福不在前面，在身边。因为幸福需要一点点累积，无法快速占有。

比如，周末你可以与朋友一起到公园茶馆，抛开一周的繁忙，泡上一杯淡淡的清茶，捧着暖暖的茶杯，轻轻地啜上一小口，那茶香便一点一点渗进身体。顺手看一本悠闲的小说或是一篇温情的散文，让疲惫的心灵在文字间缓缓流动、沉淀。

这样的时光是惬意的，平时的生活都太匆忙，时间被切得太碎。由于生活的节奏太快了，我们应该停下来思考一下，让高速运转的机器有一个检修的机会。过一种"工作再忙心不忙，生活再苦心不累"的慢生活。

世界著名慢生活专家卡尔·霍曼说："慢生活不是支持懒惰，放慢速度也不是拖延时间，而是让人们在生活中寻找到平衡。"当然，工作重要，但闲暇也不能丢。现在的问题是节奏太快，所以才要学着放慢脚步，让自己不至于太辛苦。这样，才能在工作和生活之间找到平衡的支点。就是说，工作要好好干，事业要奋斗，也要充分休闲，从容享受生活。两者达到动态平衡。

在我们周围早已出现这样一群人，他们为自己而生活，为兴趣而生活，也为工作而生活。比起物质上光鲜靓丽的奢华，他们更看重自己的喜好，更乐于过安宁的生活。与每天忙到昏天暗地的人们相比，他们是名副其实的"慢生活家"。

"慢"是一种态度，一种生活方式，更是一种能力。慢慢运动、慢慢吃、慢慢读、慢慢思考……所有这些"慢生活"与个人资产的多少并没有太大关系，只需要有平静与从容的心态。慢下来，让工作真正变成一种享受，让感情真正进入心灵，成为一生一世的追求和慰藉。改变因为太快而身不由己，来不及思考的"陀螺"状态。是在这个浮躁时代保持一份清醒，一份独立和一份幸福的重要秘诀。

没有完美的人生

俗话说得好："金无足赤，人无完人。"我们每一个人，无论自身条件多么完美，无论后天环境何其优越，也不论别人认为他多么优秀，甚至不惜用"完人"一词来赞美他的时候，我们也不能认为他就是完美的。就像是世界上会有两片完全相同树叶的可能性那么小一样，世界上也绝对没有所谓的"完人"。

然而，从人类诞生的那一天起，人类就开始了追求完美的漫漫征程。从先人的"披霜露，斩荆棘"，到现代人的填海造陆，遨游太空；从老子的"小国寡民"，陶渊明笔下的"世外桃源"，到如今的"和谐社会"的提出，都无疑从不同方面反映了人类对完美生活的追求。可如今的现实已经证明，即便人类自身在创造中是如何的小心翼翼，对现实中的一点瑕疵表现得是多么地敬畏，并力图加以完善，最终还是产生许多人类难以预想的问题。

其实，我们大可不必时时事事都追求完美，因为那样你就会因此而背上沉重的负担。不断寻找以前的过失，以至耿耿于怀，徘徊不前。面对现实，我们每一个人都会有改变它的想法，使它变成能够使自己成功的阶梯。面对未来，我们每一个人又都会产生崇高的理想，并希望经过自己的一番努力使它变成现实。于是，为了成功，为了实现心中的那个梦，我们日夜不停地学习、工作，熬干了心血、熬白了头发。但请记住，别太追求完美。这并不是一种消极，而是一种睿智。

尺有所短，寸有所长。我们追求完美，是认为只有完美，才能获得爱，获得友谊，获得幸福。殊不知，亲人和朋友，并不是因为我们的完美才爱我们的，缺点也许使人更加真实。

听过这样一则故事：一个圆环被切掉了一块，它想使自己重新完整起来，于是就到处寻找丢失的那一块儿。可是因为它不完整，所以滚得很慢，它欣赏路边的花儿，与小虫聊天，享受阳光。它发现了许多不同的小块，可是没有一块适合它，于是继续寻找着。终于有一天，圆环发现了非常适合自己的小块，它高兴极了，将那小块装上，然后就滚了起来，它终于成为完美的圆环了。它能够滚得很快，以致无暇去欣赏花儿，无暇去和小虫聊天，无暇去享受阳光。当圆环发现飞快地滚动使它的世界再也不像以前那样绚丽有趣时，它停住了，把那小块丢到路边，缓慢地向前滚去。

人哪有完美的，人生哪有完美的？人生也并不是因为完美而精彩。就像上文说的这个圆环一样，正是因为有了残缺，才有梦，才有希望，正是因为不完美，才不会停止追求的脚步。

想想确实如此：除了苏东坡先生的"人有悲欢离合，月有阴晴圆缺，此事古难全"外，有"鱼与熊掌不可兼得"，还有"不如意事常八九，可与言人无二三"等等。由此可知，人从一生下来面对这个未知的世界，就注定了人生的不完美。

记得《西游记》里孙悟空说："天地本不全，人应该也是。"想来天地都不齐全，何况人乎！我们都是普通人，何必勉强，给自己一个放松的理由，要知道：不完美才是人生。

记得还有这样一个故事：有个人非常幸运地得到一颗硕大而美丽的珍珠，他却觉得遗憾，因为珍珠上面有个小小的斑点。他想，若除去这个斑点，它该是多么完美呀！于是，他刮去了珍珠的一部分表层，但斑点还在。他又狠心刮去一层，但斑点依旧存在。于是他不断地刮下去。最后，斑点没有了，而珍珠也不复存在了。此人于是一病不起，临终前他无比忏悔地对家人说："当时我若不去计较那个小斑点，现在我手里还会攥着一颗硕大美丽的珍珠啊！"

其实，我们每个人的脚边都有彩贝，手里都有珍珠。只是我们不懂得珍惜，不善于享用，因此错过了多少好运，辜负了多少美丽。

生活中，多少失落、痛苦和不幸正是源于过于追求完美。现实就是这样残酷。若过于执着且不肯变通，必然陷入完美主义的心理误区。

欲除掉珍珠斑点的那个人一定是最痛苦的人。因为在他的眼中，看到的多是不完美，因而一次次与机遇擦肩而过，与成功遥遥相望，最终只落得两手空空。

只有在不完美中，人们才能找到自己人生的定位。不完美是"昨夜西风凋碧树"的清醒，而完美往往是"高处不胜寒"的迷惘。权力和财富上的不完美，使一个人隔绝于世，更能清楚地找到自己人生的定位，认清世间百态。

有人甚至说："身体上的不完美成就了霍金。"暂且不论此话妥帖与否，不可否认的是：正是这种不完美，使他意识到只有靠超越常人的思维才能立足于社会。类似于此的事例不胜枚举，而正是这些不完美使人们清楚地看到前方的道路曲折，路旁的荆棘杂草，也才找到了定位。

"仰头大笑出门去"的李白有着"且放白鹿"的豁达，"抽刀断水水更流"的悲情，"长风破浪会有时"的雄壮。"诗仙"的价值在他的每句诗中闪现。屈原放逐，著《离骚》；孔丘失明，厥有《国语》；韩非困囹圄而成法家；《诗》三百，大抵贤圣发愤所为也。落魄的文人，有着一份难得的旷达，"不以物喜，不以己悲"是以在不完美中实现自己人生的价值。

因此，别太追求完美，因为很多时候，只有在不完美中，才能实现人生的价值。

勇于突破自我

　　古人说："知己知彼，百战不殆"。如今在现实生活中又何尝不是呢？人生就像是一盘棋，怎样去下，下一步要怎样走，全由自己掌握。也许会走错棋，也许会走进死胡同，没关系的，只要这盘棋还没有结束，任何情况都有可能出现。青少年要在前进的道路上，勇于突破自我，即使是失败也是一种锻炼。要做到胜不骄、败不馁，不要永远活在失败的阴影下，勇敢地去找寻失败的原因，提升自己、战胜自己，相信自己一定能把人生这局棋走得很精彩！只有勇于突破自我，才能少些不必要的烦恼与忧愁。郑板桥说："千磨万击还坚韧，任尔东西南北风。"勇于突破自我，无须犹豫！战胜自己，何须等待！拿出你的勇气来，勇往直前，永远争取吧。

　　突破自我，铸就面对烦恼和忧愁的良好心态

　　人生如戏，每个人都是主角，不必模仿谁。我是我，你是你，好好地活着，为自己活着。有梦想就大胆地追求！失败也不要放弃，随它花自飘零水自流。其实对青少年来说，真正的成功，不在于战胜别人，而在于战胜自己。

　　小宝从小性格就内向，自尊心也特别强，所以学习成绩一直也很好。可是，最近她总以为别人时刻都在用鄙疑眼神的看她、评价她，所以她担心自己会出什么差错，否则，会让人看不起。后来，她爱慕班内的某个男生，但又不敢表露出自己的爱慕，还怕别人知道这个秘密。有一次，好朋友给她开玩笑说："我知道你爱慕他，你别藏在心里啦！"她一听心里急得发慌，担心别人会对她评头论足。从此以后，她见人就躲开，不愿理会别人。有人找她聊天、玩耍，她就面红耳赤、心慌意乱，而且说话也是语无伦次，最后导致一见到人就担心害怕。

小宝是由于社交恐惧心理导致她不能正常与同学交往。最终陷入困境、不能自拔。青少年只有做到全面了解自己，树立自信心，改善自己的性格，学会与别人交流，掌握一些社交技巧等，并将这些落实到位，才能战胜不良心理。

中国有句俗语说得好："不能战胜自己的人，是胆小的懦夫。"突破自我，需要勇气，需要顽强的活力。青少年朋友们，无论是健全的身躯还是残缺的臂膀；无论是优越的条件还是困窘的环境，大胆地拿出你的勇气、你的胆识，去克服困难，克服恐惧，克服失败带给你的消极情绪。不管你正在前行中，还是失意时，此刻不要在彷徨，不要再犹豫，对现在的你来说，从失败中找出通向成功的途径才是最重要的。

青少年朋友们，只要勇于突破自己的防线就等于打开了智慧的大门，开辟了成功的道路，铺垫了自己人生的旅途，铸成了自己的一种面对任何烦恼和忧愁的良好心态。

战胜自己，走向人生巅峰

一个人获取自信的途径主要有两种：战胜别人，或者战胜自己。前者是从外界获取，后者是从自身寻找；前者是社会上适者生存的法则，后者是关照内在锤炼强大的内力。靠前者获得自信的人很容易从别人身上找到自信，但也很容易在更强者面前失去自信，靠后者建立自信的人不容易培养自信，但一旦获取就永远不会失去。在通往成功的道路上，不乏荆棘和陷阱，到处都有困难和坎坷。有些人遭到了一次次失败，便把它看成拿破仑的滑铁卢，从此一蹶不振。而对于一心要取胜、立志要成功的人来说，一时的失败并不是永远的结局，在每次遭到失败后重新站起，要比以前更有坚强的毅力和决心向前努力，不达目的决不罢休。

布伦克特说："只要不让年轻时美丽的梦想随着岁月飘逝，成功总有一天会出现在你面前。"要坚持你的梦想，不要退缩，成功并不是海市蜃楼，那是黎明前的黑暗，坚持自己的梦想，成功就在你的前头！

纵观古今中外，成功人士举不胜举，司马迁虽然身受宫刑，但仍不屈不挠，凭着顽强的毅力完成了巨著《史记》；海伦自小双目失明，饱受病魔缠身，但她自强不息的精神促使她写下了一部又一部脍炙人口的文学著作……战胜自己说起来容易，但是真正地做起来要比战胜别人难得多。因而战胜自己，就要有坚忍不拔的意志；要有根深蒂固的信念；要有在逆境中成长的信心；要有在风雨中磨炼的决心。不要时时刻刻把战胜别人看得太重要，最大的胜利便是战胜自己。战胜自己并非易事，所以，青少年朋友们要加强培养战胜自己的目标、决心、能力及克服困难的勇气。

卡耐基曾说："经过无数次失败以后，姗姗来迟的东西叫成功。"漫漫人生路上也正是有了成功与失败，生活才有意义。作为旭日东升的青少年，要明白成功绝非偶然，是靠艰辛的付出和耐心的积累而来。当你在一次次的失败，一次次的选择后，就会发现成功的坦途已经铺到你的面前了。要记住，在生命中勇于突破自我，战胜自己，不要放弃自己的梦想和追求，努力向前。

漫漫人生路，不怕慢就怕站

　　每个人都应该拥有一个梦想、拥有一个目标、拥有一个前进的方向。人生就是一个拥有梦想、追求梦想、实现梦想的过程。很多人的脑子里有各种理想和梦想，一说起来心潮澎湃，但却一样也没能成为现实。原因何在？其实并不是不愿去实现，而是生活中总是有太多的琐事，这些都使梦想的实现一次次被推迟。人们总是在想：明天再做吧。然而，明日复明日，明日何其多？这一推往往就与梦想失之交臂了。

　　其实有时候所谓的"没时间"只不过是一种借口，关键还是要看你是否愿意为之付诸行动，要知道行动远比静止有意义，坐着不动永远都不会有机会。所以，不管周围的环境是怎样的，只要心中还有信念，就要排除一切去做自己想做的，哪怕每天只是向梦想迈出一小步。当然，梦想不在于这么一小步，但梦想却又离不开这么一小步，它所代表的是你为梦想所付出的行动，有行动就有希望。如果一个人只会高谈阔论而从不付诸行动，那他和"纸上谈兵"又有什么区别呢？

每天向梦想迈一步

　　一个老人回顾了自己忙碌的一生。他在学生时代曾有一个梦想，那就是走遍全世界，像徐霞客那样踏遍山水，做个像马可·波罗那样的旅行家和冒险家，去感受一下大海一望无际的壮阔，体会一下沙漠高低起伏的雄浑，探索落日下尼罗河畔金字塔的奥秘，追寻云雾中喜马拉雅之巅的神圣。但是那时，他觉得自己还不具备实现这个梦想的条件，比如缺少金钱、没有时间、体质不够健壮、知识不够丰富等等。于是，这个梦想就一再地搁浅。大学毕业后，他又要急于找工作来养活自己，等工作走上了轨道后，他恋爱了，两年之后又自然而然地结婚了。结婚就代表着自己要对妻子负责，对孩子负责，承担家中的大小事务。于是，他拼命地挣钱养家，养老婆孩子。他想，等孩子再大一些吧，等到自己事业更上一层楼时，就可以在金钱的基础上，抽出时间来去实现自己的梦想。

就这样，日复一日，月复一月，年复一年。这个学生时代就热衷于追求心中的梦想的人如今成了一位白发苍苍的老人，但他还是被各种各样的琐事困扰，于是梦想逐渐变得更加遥不可及。即使这个时候他可以放下一切，但他的身体已经不容许他去走南闯北了。最终，他为自己的梦想打了折扣，决定放下一切，带着老伴去欧洲旅游，也算是了了一桩心愿。

其实，在这个世界上，像这位老者一样的人实在是数不胜数。他们总在想着等到有钱了再做吧，等到时间充裕了再做吧，等到心情好了再说吧，等到……结果他们的一生都浪费在了无谓的等待上，生活再也没有走出过精彩来。虽然他们的心中一直都有梦想，但却从未对梦想做过些什么，空有一腔的热情又有什么用呢？估计这个世界上向往马可·波罗的人大有人在，但真正像他这样的旅行家、冒险者还真少有。因为大多数人都没有马可·波罗那样拿根棍子拿只碗，一路要饭也要去实现自己的梦想的决心与勇气。

所以，不要总想着当拥有一切时再去做，凡事有得必有失，这是亘古不变的道理。也许你拥有了这个，就失去了那个，永远也无法达到共有。况且，无尽的等待或多或少地都会消磨掉心中对梦想的那分热忱与激情。因此，如果心中有梦想，就要马上付出行动，一刻也不要等待。逐步行进，要知道每走一步就离成功更近一步。

行动具有强大的力量

斯宾塞说过一句话："我们必须记住学习的时间是有限的，不只是由于人生短促，更由于人事纷繁，我们应该力求把所有的时间用去做最有益的事情。"对于现在的青少年来说，更应该为自己的理想付诸行动，即使最终的结果不那么成功，不那么尽如人意，但至少自己努力了，至少做到了问心无愧。生命有限，人生苦短，只要心中有梦想，就要用心用行动去做，不要让自己的人生留下遗憾。

有很多人带着梦想活了一辈子，却从来没有认真地去尝试实现梦想，而且对于做不成的事情或者还没有做的事情，总是来找一个理由或借口来为自己开脱。很少有人把原因归结到自己身上，然后继续过平庸的日子，让梦想躺在身体里的某个角落"呼呼大睡"。如此态度，机会怎么可能会不招自来呢？更何况现在社会竞争是那么的激烈，对于新时代的青少年来说，不仅要有远大的理想，还要有付诸行动的勇气，把握每一次机遇，最终走向成功。

成功人士的经验告诉我们：想不寻常的问题，走不寻常的路，凡事快人一步，是获得成功的保证。所以，青少年们要想为成功扬帆起航，就要多留心生活，善于观察、勤于思考、敢于创新。对于渴望成功的青少年来说："敢走别人没走过的路"的精神是非常可贵的，成功的人都是"第一个吃螃蟹的人"，他们总是先例的破坏者。而正是敢尝试别人没尝试过的东西，才成就了自己辉煌的人生。

一步领先，步步领先

人人都坐过公交车，当然青少年也不例外。当公交车停下来时，所有人都会争先恐后想往车门挤，因为你只有比别人都快一步，才能第一个上车，才能抢到最理想、最舒服的位置。我们常会说，机会只会垂青有准备的人，而快一步的目的就是为了让自己能够比别人早一点做好准备，等到机会来临的时候，能抓住机遇，获得成功。

拿破仑曾说："我的军队之所以打胜仗，就是因为比敌人早到5分钟。"的确，比赛中的冠军只是比别的选手提前一步到达终点而已，而这提前一步的结局却有着天壤之别。

比别人快一步，看似简单但做起来并不容易。人们对于习以为常的事总是习惯遵循传统观念的想法，按照常规去做去思考。如果一个人的思维时时受到传统思维定式的影响，不敢去改变，如何做到比他人快一步呢？一个人的不成功并不是因为能力有限，而是缺乏独到的眼光善于抓住一个机会并去发掘开拓，比别人快一步的前提就是要有打破常规的创造性思维，敢于不断开拓创新。就如比尔·盖茨，正是想到了计算机会崛起的必然趋势，才退学改行从事计算机，领先一步，抢占得先机，才使他走在时代的最前沿，取得巨大成功。

世界首富比尔·盖茨曾说过："让思想永远走在年龄的前面。"的确，对于任何一个人来说，只有创新才会使自己充满活力，只有创新才能使自己不断改进，化劣势为优势。青少年正是学习知识、储备能量的重要阶段。一定要有想常人不敢想，做常人不敢做的创新精神，才能紧跟时代的步伐，开启梦想之门。

第七章　随时随地播种幸福

　　幸福，它隐匿在生活的每一个细节当中，没有逻辑，没有规律。同时，它也存在于每一个人的心中，因为一个人只有在觉得自己幸福的时候才是幸福的。这种幸福，是一种心情、是一种满足、是一种习惯、是一种付出、也是一种享受。精心呵护自己的心灵，让内心时时充溢，关爱他人，随时随地播种幸福。

　　也许，每个人收获幸福都需要一粒幸福的种子。如果你有一粒幸福的种子，那么请你告诉我，该如何播种……

放低幸福的门槛

不要把幸福的门槛定得太高，生命中的任何一件小事，只要你细心品味过，可以说都与幸福有关。因为无论怎样，幸福都只是一种感觉而已。

有个哲学家不小心掉进了水里，被救上岸后，他说出的第一句话是："呼吸空气是一件多么幸福的事。"

空气，我们看不到，也很少有人想看到。但失去了它，你才发现，我们不能没有它。后来那位哲学家活了整整 100 岁。临终前，他微笑而宁静地重复那句话："呼吸是第二件幸福的事，换句话说，活着是一件幸福的事。"

每个人对幸福都有自己不同的定义。有人认为，丰衣足食，居有定所，一生吃穿不愁，生活舒适就是幸福；有人认为，雁过留声，人过留名，身后能为世界留点遗产，为世人所知，功成名就就是幸福；还有人认为两情相悦，与爱人厮守一生，爱情永恒就是幸福；更多人认为，健康平安，无疾而终就是幸福。这就是说，幸福是由感而生，因人而异的。

不同的时期有不同的幸福。同样一个人，当他饥饿口渴时，他会觉得一块红薯，一口凉水就是幸福。当他吃饱喝足后，山珍海味，玉液琼浆也成了负担。家庭和睦时，天伦之乐是幸福；家庭不幸时，千杯万盏也不幸。

幸福在哪儿？幸福其实就在我们身边，在我们触手可及的地方，只是我们往往不懂得去发现和珍惜，而一次次地错过。我们总习惯于要了这样又要那样，要了那样又想得到更好的。像《渔夫和金鱼的传说》中的老太婆一样，要了木盆子又要新房子。有了新房子又要宫殿，有了宫殿要做皇后。做了皇后还要做海王上的女霸王，而最终，却一样也没有得到。这就是生活对我们的惩罚，你如果想什么都拥有，其结果必是什么都失去。所以说很多时候，我们感觉不到幸福，是因为我们把幸福的门槛筑得太高，使幸福葬送其中了。因此，我们有必要放低幸福的门槛，让幸福变得简简单单。

因为简单，我们可以省去许多麻烦和烦恼，简单本身也会是一种幸福。因为幸福，我们可以保留一种轻松、平静的心态轻装上阵，快意人生，成就幸福；因为简单，在我们的生命即将离开这个世界的时候，我们可以因为没有虚度光阴而最后一次品味幸福。

放低幸福的门槛，享受大自然，享受自己的劳动成果，你就会因此而幸福一生。也可能你觉得这样的幸福太安于现状，而显得庸庸碌碌。其实，你把幸福确立在能力所及的范围之内，幸福才变得唾手可得。假设你是一个普通劳动者，而将幸福确立在汽车、洋房之上，并为此费尽心思，奔波劳碌，但终究遥不可及，还有幸福可言吗？因此说，幸福的门槛一定要放低一些。把幸福的标准定得低一点，不是庸碌无为，也不是缺乏进取心，做任何事都应该量力而行。鹰击千里，是因为它练就了搏击的本领，才有宏图大展的能力。设想：如果一只家鹅非要效仿天鹅在蓝天白云之间一展英姿，结果会怎么样呢？

平安是福，你可能日出而作，日落而息，整日辛苦奔波，但付出与收入却大相径庭，你可能为此耿耿于怀，闷闷不乐。此时，不妨想一想，有多少人再也看不到明天的太阳，有多少人再也不能在日落之时推开家门，你就会感到疲惫不堪也是一种幸福。想一想，国外那些被恐怖分子当作人质的学生再也不能回到亲人的怀抱，你会感到被老师留在学校改作业也是一种幸福。

健康是福。我听说过这样一句话："当我为没有鞋子穿而哭泣的时候，我却发现有人没有脚。"所以说生活在这个世界上不要总是牢骚满腹，不要总是怨天尤人。你可能没有更多的金钱去游览名山大川或出国观光，想一想那些只能透过窗口看世界的人们，你会感到骑上单车奔驰在原野，感受麦苗黄、豆花香、阳光暖其实也是一种幸福！你可能没有更多的金钱去购买宽敞的住房或名牌的服装，想一想，那些每天躺在病床上深受病痛折磨的人们，你会感到身居陋室，感受会心的笑、饭菜的香、团圆的乐，那才是一种真正的幸福！

把幸福的门槛放低一些，再放低一些，能够过自己喜欢过的生活，做自己喜欢的事，就是真正的幸福。当你可以活着、笑着、哭着、吃着、睡着，真真实实地感受生命的流动，你的存在就是一种幸福。

有人之所以会感到幸福，是因为他们懂得知足和珍惜，所以他们快乐。幸福的含义在某种程度上，也可以说就是放低幸福的门槛，正如人们常说的"知足常乐"一样。人，应该有一点知足精神，而不应只知道往高处爬，这样做终有一天会摔得很惨，追悔莫及。

总之，在生活中千万别把幸福的门槛筑得太高，以至于把自己挡在了幸福的门外。把门槛放低一些，把脚步摆平一点，从容一点，快乐一点。其实只要你轻轻一迈，便可以跨进那扇永远向你敞开着的幸福之门。

把微笑送给别人

如果挫折是那刺人的荆棘，那微笑就是那高洁的百合。

如果失败是那陡峭的山崖，那微笑就是那平坦的阳光道。

如果忧郁是那光秃的槐树，那微笑就是那昂首屹立的冬青。

是的，微笑永远是美好的，微笑能抚平你精神的创伤，微笑能使你精神焕发，充满自信，微笑能使你头白仍天真。

有一次暑假期间，在一家速食店里，我看到一个脸上有疤痕的女学生在店里打工。她手脚麻利地拖地、抹桌子、倒垃圾，忙进忙出。看到客人时，发自内心、笑容满面地说："欢迎光临！"而经过每个桌子看到客人时，她也总是笑嘻嘻地说："您好！"

不一会，一个小朋友不小心把饮料打翻，这个女学生一脸笑容地说："没关系，没关系，我来，我来擦，小朋友要小心，不要滑倒哦！"

女学生虽然脸上有疤痕，可能是以前意外割伤的痕迹，但她温柔的语气、满脸的笑容，让在场的所有客人感到无比地温馨与感动。她不是美女，也没有傲人的身材，但她散发出的微笑、亲切、热情与敬业，让人觉得这真是一幅极美的画面。

所以有人说，蒙娜丽莎若无微笑也只是平凡之作，不会永传千古。人与人的沟通，"笑容"是一个很重要的润滑剂。

一个经常面带笑容的人，一定是喜欢自己、喜欢别人、喜欢人生的人。即使面对着沉重压力，亦可保持心情愉悦，使别人也可以感染到一股甜美、快乐、喜悦的气氛。

笑容，是一个人内心的写照，当一个人微笑时，能表现他的友善与开朗。而心理医生也常会开给病人一剂很不错的药方，不妨试试看——肚量大，脾气小，常微笑，病就好。

曾有个女营业员问经理："我不知道用什么方法才能增加业绩。"

经理回答道："在顾客上门购买物品之前，你就要先赠送给顾客一件礼物，就是'笑容'。"

的确，"笑容"是打破陌生的第一步。在加入一个新环境，或面对一群陌生人时，"微笑"常是攻心的最佳利器。若我们对遇到的人都微微一笑，别人也会对我们点头微笑。有了善意的互动，久而久之，大家就会互有好感。有一天别人就会说"就是那个笑盈盈的人嘛，好像蛮好相处的哦。"

微笑其实很简单，只是在生活中随时记得扬起你的嘴角。但你知不知道，一个微笑会有怎样的力量？

当你的朋友因为遭遇不幸而感到失落绝望时，你可以扬起嘴角，送他一个鼓励的微笑，虽然此时的一个微笑不如安慰的话语来得有用，但是却真诚得令朋友感动。当微笑从内心传递后，朋友定会感应到，那么我想朋友的失落感就会减少到最低限度。微笑便是缓解彼此悲伤的方式。

当朋友获得胜利的喜悦的时候，你可以扬起嘴角，送他一个微笑。礼物固然是表达情感的有效途径，而坦然、发自内心的微笑却比礼物有着更为深刻的意义不是吗？友谊本来就是建立在关心之上的，那么朋友间感情的流露不更能体现真挚朴实的友情吗？这时候，微笑是交流情感的标志。

当朋友间闹情绪的时候，你可以扬起嘴角，送他一个微笑。如果说微笑代表着退步的话，那就错了。因为嘴角勾勒出的笑容是对朋友最真诚的道歉。如果轻轻扬起嘴角，就能换回昔日的友情，这难道不值得吗？因此说，微笑是排除误解的良方。

笑，很简单的，只要轻轻牵动嘴角，就会产生一个灿烂的微笑。如果说哭泣是一种无言的美丽，那么微笑将成为你最温柔的武器。给别人一个微笑吧，希望阳光下的每一个人都能笑得灿烂如花。

生活中失去了快乐气氛便如同荒漠一样单调无味。而一个人如果能在交往中慷慨地向他人推销快乐，使别人也生活得快乐有趣，并在自己的生活环境中营造一种和谐融洽的气氛，那他将是一个受欢迎的人，并能在社交中立于不败之地。

那么怎样推销快乐呢？其中最重要的一点就是用富有魅力的微笑感染别人。人人都希望别人喜爱自己、重视自己。微笑能缩短人与人之间的距离，消融人与人之间的矛盾，化解敌对情绪。生活中没有人会拒收微笑这一"贿赂"。

生活中也许有许多坎坷，可正是这些坎坷，让我们的人生变得充实。人的一生中要始终微笑，始终微笑着面对生活，微笑着面对人生的坎坷。

赞美是最好的礼物

有人说："好孩子是夸出来的，不是打出来的。"此话不假。一个经常赞扬子女的母亲可以创造出一个幸福快乐的家庭，而且可以培养出聪明懂事的孩子。一个经常赞扬学生的老师，不仅让学生生活在积极向上的氛围中，还可以带出一个有凝聚力的班集体。一个经常赞扬下属的领导者，不仅使下属产生亲近感，工作热情更高，而且可以营造和谐的人际关系，增加单位的凝聚力和向心力。

有人真诚赞美你时，你一定感觉很棒吧？赞美是一件很有威力的事情。被赞美的感觉会使你的精神振奋好几个小时，甚至几天。

人们需要赞美，就像需要食物一样。没有赞美，人就会变得脆弱，容易受到各种不良思维的干扰。没有赞美，人的精神免疫系统就会停止运作。真诚的赞美是内心保持坚强的燃料，它使人快乐。而快乐的人更容易相处，也比不快乐的人有更高的生产力。所以，学会真诚地赞美非常重要，它能把人内心最好的东西挖掘出来。

赞美别人，仿佛用一支火把照亮别人的生活，也照亮自己的心田，有助于发扬被赞美者的美德和推动彼此友谊健康地发展，还可以消除人际间的龃龉和怨恨。赞美是一件好事，但绝不是一件易事。赞美别人时如不审时度势，不掌握一定的赞美技巧，即使你是真诚的，也会变好事为坏事。所以，开口前我们一定要掌握一些技巧。

如何学会赞美呢？你需要练习向别人说你喜欢从他那里听到的事情。当他们出色地做完某件事情后，要祝贺他们。告诉他们你是多么欣赏他们所做出的贡献。当他们看起来很不错或是对你说了有价值的东西时，要告诉他们你的想法。

慷慨大方地使用你的赞美，时刻注意可以赞美的人和事情。

以下是帮助你培养这个技巧的几点提示：

1. 赞美别人要真诚

奉承不是赞美，千万不要说出违心的话。如果你这样做了，当你真的严肃的时候，人们就不会相信你了。有很多事情可以让你真诚地赞美别人，你没有必要说出违心的话。

2. 赞美事实，而不是赞美人

把赞美的焦点放在所做的事情上，而不是放在人身上，人们就会更容易接受你的赞美，而不会引起尴尬。你说"玛丽，你编辑的演讲稿太好了"就比"玛丽，你好棒"更好。

3. 赞美要具体

在日常生活中，人们取得突出成绩的时候并不多见。因此，交往中应从具体事件入手，善于发现别人最微小的长处，不失时机地给予赞美。赞美用语越翔实具体，说明你对对方越了解，对他的优势和亮点越看重。让对方感到你的真挚和可信，从而产生亲近感。

当赞美针对某一件事情的时候，就会更有力量。赞美越广泛，力量就越弱。赞美别人的时候，要针对某一件具体的事情。例如，"约翰，你今晚戴的这条领带配这套黑色西装，非常耀眼。"就比"约翰，你今晚穿得很好。"更有力量。再比如："玛丽，你每次和人们说话，都能使他们觉得自己很重要。"就比"玛丽，你真会与人相处。"更好。

4．掌握赞美的"快乐习惯"

每一次赞美别人都有巨大的附带利益，它会同时使你得到满足。这里有一个宇宙规律，如果你不能为自己增加快乐，那么你就不能为任何人增加快乐。所以，每天起码要赞美 3 个人，你将感觉到自己的快乐指数不断提升。

5．赞美要适时得体

出门看天气，进门看脸色。赞美别人要见机行事适可而止，真正做到"美酒饮到微醉后，好花看到半开时。"

当别人计划做一件有意义的事时，开头的赞美能激励他下决心做出成绩，中间的赞美有益于对方再接再厉，结尾的赞美则可以肯定成绩，指出进一步努力的方向，从而达到"赞美一个，激励一批"的效果。

6．赞美因人而异

人的素质有高低之分，年龄有长幼之别，也有男女之异。因人而异，突出个性，有特点地赞美，比一般化的赞美能收到好的效果。老年人总希望别人不忘记他"当年"的业绩与雄风。与其交谈时可多赞美他引为自豪的过去。对年轻人不妨语气稍微夸张地赞扬他的创造才能和开拓精神，并举出几点实例证明他的确能够前程似锦。对于经商的人，可赞美他头脑灵活，生财有道。对于漂亮的女孩，可以夸赞她的美貌。对于不漂亮的女孩，可以夸赞她的风度。同时见了漂亮和不漂亮的女孩，可以夸赞她们得体的服装或者气质。

7．多赞美那些需要被赞美的人

值得一提的是，赞美人要特别注意对象。在现实生活中，最需要赞美的不是那些早已功成名就的人，而是那些因被埋没而产生自卑感或身处逆境的人。他们平时很难听到一声赞美的话，一旦被人当众真诚地赞美便有可能振作精神，大展宏图。因此，最有实效的赞美不是"锦上添花"而是"雪中送炭"。

8. 孩子更需要赞美和鼓励

在教育子女这件事上，尤其需要赞美。很多人都说好孩子是夸出来的，这是有一定道理的。赞美和鼓励的作用不可低估，这是培养孩子自信心，帮助他们取得进步和成功的首要环节。父母一句鼓励的话，一个肯定的微笑，都会让孩子感到被认可的满足，体验到成功的快乐。

卡耐基说过："使孩子发挥自己最大潜能的方法，就是赞美和鼓励，尤其是来自父母的赞美。"但是在日常生活中，父母常常会忽略对孩子的赞美，他们总是很容易发现孩子的缺点和不足，而忽视了孩子的长处和闪光点。其实赞美是一种极为有效的教育手段。及时赞美孩子学习中的每一个小进步会激发起孩子对自己的信心，能对学习起到积极的推动作用。

赞美并不一定用那些固定的词语。有时，投以赞许的目光，伸出拇指做一个夸奖的手势，送一个鼓励的微笑，都能收到意想不到的效果。

赞美是人间最好的礼物。经常留意可以赞美的好事，它会增强你积极的心态。你也会惊喜地发现，自己周围有很多以前从没注意到的快乐。赞美别人是一个快乐的习惯。也是一个人际关系的技巧。

学会储蓄你的信用

中华民族历来是强调信用的，在人与人的交往中，把信用和信义看得非常重要。孔子说："与朋友交而不信乎？"墨子说："志不强者智不达，言不信者行不果。"还有"一诺千金，一言九鼎。""一言既出，驷马难追。"等都是强调一个"信"字。

东汉时，张劭与范式同在洛阳读书，两人结下了深厚的友谊。学业结束二人分别时，张劭伤心地说："今日一别，不知什么时候才能再相见？"范式安慰张劭说："不要伤心，两年后立秋的那天，我一定会去看你的。"

光阴似箭，日月如梭。约定的日期到了，张劭对母亲说："母亲，范式快来了，我们赶紧准备准备迎接客人吧！"

张母说："傻孩子，范式家离这里有一千多里路，人家当时只不过安慰你才那么说的，怎么会真的来呢？"可是刚过中午，范式就风尘仆仆地赶到了，张母为此感叹地说："天下真有这么讲信用的朋友啊！"范式进堂屋拜望了张劭的父母之后，与张劭一家开怀畅饮，随后欣然辞别。

范式守信的故事，至今都是人们所津津乐道的美谈。古人尚且能够如此，在交通如此便利的今天，我们更应该以范式为榜样，言而有信，一诺千金。

自古以来，讲信用的人受到人们的欢迎和赞颂，不讲信用的人则受到人们的斥责和唾骂。李白曾在他的《挺干行》中写道："常存抱柱信，岂上望夫台。"所谓"抱柱信"是说一个叫尾生的男子和一个女子在桥下约会。女子还没有来，河水涨了。尾生为不失信用，还是不走，宁可抱住桥柱被水淹死。尾生的行为是过于迂腐拘泥，但他表现出的精神却受到称颂。

如果你有钱，就可以立即存入银行。可是，信用不会像钱这样来得容易用得方便，取得信任是要长时间积累的。正因为信誉无法在一朝一夕中形成，所以平时一定要学会储存你的信用。

商鞅变法时，为树立威信推动改革，在国都南门立了一根三丈长的木头，并当众许下诺言："能搬此木到北门者，赏五十金。"有人把木头扛到了北门，商鞅当众赏他五十金。商鞅的举动意在树立威信，博取百姓的信用，让百姓相信他是个说话算数的人，而他更深层的目的在于推行即将颁布的改革措施。

即使在今天的社会交往和个人事业发展中，守信用、重诺言也仍然是应遵循的道德标准，是为人处世的一条准则和方法。所以，我们一定要为自己建立信用，而且要每天不断地累积才可以。

值得注意的是，许诺是非常严肃的事情，对不应办的事情或办不到的事，千万不能轻率应允。一旦许诺，就要千方百计地去兑现。否则，就会像老子所说的那样："轻诺必寡信，多易必多难。"一个人如果经常失信，一方面会破坏本人形象，另一方面还将影响本人的人脉关系，甚至事业。

据《庄子·齐物沦》记载，有个养猴子的人对猴子说："我早上给你们三个栗子，晚上给四个。"猴子们听了一个个龇牙咧嘴，嗷嗷乱叫。养猴人转动脑筋，欺骗猴子们说："好了，别生气了。我早上给你们四个栗子，晚上给三个。"猴子就高兴起来了。

这些猴子的高兴大概只是暂时受蒙蔽所致。天长日久，聪明的猴子自然会领悟到养猴人的狡诈和卑鄙从此不再相信他，那时候养猴人可就要自认倒霉了。

因为朝三暮四式的狡诈，必然失信于人。失信于人，不仅显示其人格卑贱品行不端，而且是一种只顾眼前不顾将来，只顾短暂不顾长远的愚蠢行为，终将一事无成。

曾经有一个出版人叫琼斯，他曾用一种很好的技巧树立起了他的声誉，结果由一个普通的职员升为一家报馆的主人。他的故事对我们储蓄信用很有启发：

琼斯在开始他的建树计划时，首先向一家银行借了50美元并不急需要用的钱。他说："我之所以借钱，是为了树立我的声誉。其实我根本就没有动过这笔借款，当借期一到，我便立即将这50美元钱还给了银行。几次以后，我便得到了这家银行的信任，借给我的数目也渐渐大了起来。最后一次借款的数值是2000美元。这次我用它去发展我的业务。"

琼斯还说："后来我计划出版一份商业方面的报纸，但办报需要一定的资金。我估计了一下，起码需要1.5万美元，而我手头上总共才不过5000美元。于是，我再次到那家银行，也再次去找每次借我钱的那个职员。当我将我的计划原原本本地告诉他们以后，他愿意借给我1万美元。不过，他要我与银行的经理洽谈一下。最后，这位经理同意如数借给我1万美元，还说'我虽然对琼斯先生不太熟悉，不过我注意到多少年以来琼斯先生一直向我们借款，并且每次都按时还清。'"琼斯就是这样获得了别人的信赖。

承诺的力量是强大的。遵守并实现你的承诺会使你在困难的时候得到真正的帮助，会使你孤独的时候得到友情的温暖。因为你信守诺言，你诚实可靠的形象推销了你自己，你便拥有了更广博的人脉，便会在生意上、婚姻上、家庭上获得成功。

　　这并不是空话，有许多事实可以证明这一点。国内外知名度高的企业无不是把信誉推到第一位，受人尊敬的人无不是守信用的楷模。

　　所以，你必须重视自己所说的每一句话。生活总是照顾那些讲话算数的人，食言则是坏习惯。为了遵守诺言，你可以放弃一些东西，但一定要给人一个可信的印象。

善待他人，帮助他人

有人说，你对着镜子微笑，回报给你的也是一张笑脸，你对着它生气，回报给你的一定是一张生气的脸。这句话说明：一个人善待他人就是善待自己，帮助他人就是帮助自己。

一位在台湾经商的朋友曾给我讲过这样一件事：多年前的一个夏天，她作为一名公司职员去美国芝加哥参加一个家用产品展览会。午餐就在快餐店里自行解决。当时人很多，她刚坐下就有人用日语问"我可以坐在这里吗？"抬头一看，是一位白发长者正端着饭站在面前。她忙指着对面的位子说："请坐。"接着起身去拿刀、叉、纸巾这类东西，担心老人家找不到便帮他也拿了一份。一顿快餐很快就吃完了，老人临走时递来一张名片说"如果以后有需要，请与我联络。"她一看，原来老人是日本一家大公司的社长。

一年以后，她自己注册了一家小公司。生意做了不到一年，客户突然不做了，而这时新一年的生产计划已经定了，怎么办？真的一起步就要破产吗？她突然想起那位日本老人，就抱着一线希望写了一封简单的信："不知您是否还记得我，我现在自己开了一家小公司，希望您能来看一看。"信发出后一个星期，就收到了回信，老人说即日启程来台湾。他真的来了，还拿出样品让她试加工。在肯定了产品和质量之后，当场下了足够她做一年的大订单。她惊喜地问："您在台湾有很多大客户，而我这里只是个小公司，您真的信得过我吗？"老人从皮箱里拿出一本书来，名字叫作《人心的储存》说："当初你给我帮助时，你并没有想到会有这样的回报。就像我在书中所写的'人心就像一本存折，只有打开来才知道到底有多少收益。'每本心的存折正是用一点一滴的善去积累的。"

还听说过这样一个故事：在一个又冷又黑的夜晚，一位老妇人的汽车在半路上抛锚了。她等了半个多小时，总算有一辆车经过，开车的男子见此情况便下车帮忙。几分钟后车修好了，老妇人问他要多少钱，他回答说这么做只是为了助人为乐。但老妇人坚持要付些钱作为报酬。中年男子谢绝了她的好意，并建议把钱给那些比他更需要的人。最后，他们各自上路了。

随后，老妇人来到一家咖啡馆，一位身怀六甲的女招待即刻为她送上一杯热咖啡，并问她为什么这么晚还在赶路。于是老妇人就讲述了刚才遇到的事，女招待听后感慨这样的好心人现在真难得。老妇人问她怎么工作到这么晚，女招待说是为了迎接孩子的出世而需要第二份工作的薪水。老妇人听后执意要女招待收下200美元小费。女招待惊呼她不能收下这么一大笔小费，老妇人回答说："你比我更需要它。"女招待回到家，把这件事告诉了她丈夫。然而碰巧的是，原来她的丈夫就是那个好心的修车人。

这故事讲出这样一个道理：种瓜得瓜，种豆得豆。我们在"播种"的同时，也"种下了"自己的将来。我们做的一切都会在将来某一天、某一时间、某一地点，以某一方式在我们最需要它的时候加以回报。

去年，在南海一位朋友家喝酒，酒桌上他给我讲了这样一个真实的故事：

一位教师生活清贫，都四十多岁了还没有自己的房子，一家三代六口人都挤在两间小屋子里。他很想买一套属于自己的房子，但房价一年比一年高，他那点工资根本没法赶上房价的上涨的速度。这一年，他家附近新开盘了一个小区，他咬了咬牙和妻子一起去售楼处询问情况，没料想在售楼处碰到了开发公司的老板。巧的是这位老板和教师还有一段渊源。原来，教师已经去世的父亲当年不仅救过这位老板父母的性命，还经常接济他们。后来，因拆迁两家失去了联系。这次机会凑巧，在售房处与父亲朋友的后代相遇了。于是，带着感恩的心情老板连卖带送，以很便宜的价格卖了一套房子给这位教师，终于圆了他的新房梦。这位教师的父亲生前做的善事，使子孙后代受惠。

这些故事告诉我们，在人际交往中真情就是无价之宝，胜过所有的金银财宝。只有善待他人，帮助他人，为幸福播种，才能真正地感受到幸福。

在美国的一个小镇上。有一个夜晚刮着北风，透着刺骨的寒冷，一对老夫妻步履蹒跚地走在街上。由于夜深了，天气寒冷，很多旅馆不是已经满员，就是早早关了门。这对夫妻又冷又饿，希望尽快找到住处。

当他们来到路边一间简陋的旅店，店里的小伙计充满歉意地说："店里客人都满了。""我们找了好多家旅店，这样糟糕的天气，我们该怎么办呢？"屋外呼呼地刮着寒风，眼看就要飘起雪花了，让这对夫妻非常发愁。

店里的小伙计不忍心让这两位老人再继续受冻，他说："如果你们不计较的话，今晚就住在我的床位上吧，我自己在店堂里打个地铺吧。"

小伙计见他们饥寒交迫，又给他们端来热水和热乎乎的饭菜，为老夫妻铺好了床，老夫妻非常感激。第二天的时候，付了双倍的客房费，小伙计坚决不要。他说："我仅仅做了一件自己力所能及的事情，让你们这么大年纪的人在风雪中，任何人都于心不忍。"

　　临走时，老夫妻拍着小伙子的肩膀，语重心长地说："小伙子，只有像你这样的品质，这样经营旅店的人，才有资格做一家五星级酒店的总经理。"

　　"那样太好啦，呵呵。"小伙计并没有在意"起码总经理的收入可以更好地养活我的妈妈啦。"他随口应和道，哈哈一笑。

　　没想到，两年后的一天小伙子收到一封来自纽约的信件，信中夹有一张往返纽约的双程机票，并邀请他去拜访一对老夫妻。这对老夫妻就是当年睡他床位的那两位老人。

　　小伙子来到纽约，老夫妻把小伙子领到最繁华的街市，指着那儿的一幢摩天大楼说："这是一座专门为你兴建的五星级宾馆，现在我正式邀请你来当总经理。"

　　朋友们，这是一个真实的故事，年轻的小伙子因为一次举手之劳的助人行为，美梦成真。小伙子不仅得到了好的职位，而且得到了别人的信任。小伙子是幸运的，但是他的幸运不是上帝赋予的，是来自他助人为乐的高贵品质。

　　古往今来，有许多慷慨解囊、助人为乐的故事，感动着一代又一代的人。而且，往往是人们不经意的一次相助，或者很随意的"义气之举"，却为自己今后的人生埋下了"福根"。

宽恕他人，升华自己

英国文学史上很有名的小说家托马斯·哈代，曾因受到苛刻的批评而放弃写作。另一位英国诗人托马斯·查特敦，年轻的时候并不圆滑，但后来却变得善于与人相处，成了美国驻法大使。他的成功秘诀是："我不说别人的坏话，只说人家的好处。"

这就是说，只有不够聪明的人才批评、指责和抱怨别人。但是，善解人意和宽恕他人，需要有修养善于自制。

鲍勃·胡佛是个有名的试飞驾驶员，时常表演空中特技。一次，他从圣地亚哥表演完后，准备飞回洛杉矶。胡佛在 300 米高的地方，两个引擎同时出现故障，幸亏他反应灵敏控制得当，飞机才得以降落。虽然无人伤亡，飞机却已面目全非。

胡佛在紧急降落之后，第一件事就是检查飞机用油。正如他所料，那架第二次世界大战时期的螺旋桨飞机，装的是喷射机用油。

回到机场，胡佛要求见那位负责保养的机械工。年轻的机械工早已为自己犯下的错误痛苦不堪，一见到胡佛眼泪便沿着面颊流下。他不但毁了一架昂贵的飞机，甚至差点造成三人死亡。你可以想象胡佛当时的愤怒。这位严格的飞行员，显然应该为不慎的修护工作大发雷霆，痛责那机械工一番。但是出人意料的是，胡佛并没有责备那个机械工人，只是伸出手臂围住他的肩膀说："为了证明你不会再犯错，我要你明天帮我修护我的飞机。"

胡佛如果充满愤怒地责骂那位机械工一顿是情理之中的事，相信那位机械工也只得流泪接受，但这样做并不能挽回或弥补已成事实的损失，很可能会给机械工的心灵造成一种更大的负担，甚至伤害。胡佛懂得这个道理，所以他宽恕了那位机械工的过错，同时也升华了自己。

在美国一个市场里，有个中国妇女的摊位生意特别好，引起了其他摊贩的嫉妒。大家常有意无意地把垃圾扫到她的摊位前，这个中国妇女只是宽厚地笑笑，不予计较，反而把垃圾都清扫到自己的角落。

旁边卖菜的墨西哥妇人观察了她好几天忍不住问道："大家都把垃圾扫到你这里来，你为什么不生气？"

中国妇人笑着说："在我们国家过年的时候，都会把垃圾往家里扫，垃圾越多就代表会赚更多的钱。现在每天都有人送钱到我这里，我怎么会舍得拒绝呢？你看我的生意不是越来越好吗？"

从此以后，那些垃圾就不再出现了。

这位中国妇女化诅咒为祝福的智慧确实令人惊叹，然而更令人敬佩的却是她那与人为善的宽容与美德。她用智慧宽恕了别人，也为自己创造了一个融洽的人际环境。俗话说："和气生财。"自然她的生意越做越好。如果她不采取这种方式而是针锋相对，又会怎样呢？结果可想而知。

《史记》中记载：舜的父亲是个盲人，生母去世后，父亲又娶了一个妻子，并生了一个儿子。父亲喜欢后妻的儿子，总想杀死舜，遇到小过失就要严厉惩罚他。但舜却孝敬父母，友爱弟弟，从来没有松懈怠慢。舜非常聪明，他们想杀舜的时候，却找不到他。但有事情需要他的时候，他又总在旁边候着。

有一次，舜爬到粮仓顶上去涂泥巴，父亲就在下面放火焚烧粮仓。但舜借助两个斗笠保护自己，像长了翅膀一样，从粮仓上跳下来逃走了。后来，父亲又让舜去挖井，舜事先在井壁上凿出一条通往别处的暗道。挖井挖到深处时，父亲和弟弟一起往井里倒土，想活埋舜，但舜又从暗道逃走了。他们本以为舜必死无疑，得意扬扬地回到家里并讨论说："这回舜准死了，现在我们可以把他的财产分一分了。"说完，向舜住的屋子走去。哪知道一进屋子，舜正坐在床边弹琴呢。父亲很不好意思地说："哎，我们多么想念你呀！"舜也装作若无其事说："你们来得正好，我的事情多正需要你们帮助我来料理呢。"

舜的父亲和弟弟经常想方设法害舜，但舜不计前嫌还像以前一样侍奉父亲，友爱弟弟。后来他的美名远扬，尧帝知道后，把两个女儿嫁给他，并让位于他，天下人都归服于舜。

宽恕别人不是一件容易的事情，宽恕伤害了自己的人更难。也正因为如此，那些胸怀宽广的人才更受人尊敬。中国妇女因为宽恕使自己的生意越做越火，舜因为宽恕的美德受到尧的赞赏而坐上了帝王的宝座。所以说，宽恕他人就是善待自己。宽容是一种美德，"以德报怨"，用爱来化解仇恨，仇恨也会化成爱。如果我们不断地用爱包容他人，那么整个世界都将充满爱。

满足别人，快乐自己

相传华盛顿小的时候很自私。16岁的时候，他们家门前有一棵苹果树果子长的又小又苦，华盛顿就跟父亲说："父亲，我们把这棵苹果树给砍了吧，苹果一点都不好吃。"他的父亲回答："儿子，要砍等明年这个时候再砍吧。"当时华盛顿不明白父亲的意思就问："为什么啊?"父亲说："别问了，到了明年就知道了。"

到了第二年苹果可以吃的时候，树上的苹果长的又大又甜。华盛顿很高兴，同时又很奇怪，就问他父亲："父亲，为什么今年的苹果又大又甜啊? 跟去年完全不一样了。"他父亲就回答他："儿子啊，你知道今年的苹果好吃，但是你知道我在这一年中付出了多少精力吗? 经常给这棵苹果树施肥、除草、整枝，这样才使现在的苹果又大又甜。所以啊，儿子，你要记住'你想要满足自己的需求，必须要先满足别人的需求，如果满足了别人的需求，你就能获得快乐和幸福。'"

是的，在这个世上，需求是相互的，你希望别人怎么对待你，你就怎么对待别人。你只要满足了别人的需求，别人迟早会满足你的需求。

美国议长蒂普奥尼尔还在波士顿大学读四年级的时候，就已经参加了坎布里奇市议会席位的竞选。竞选那天，他凑巧遇到一位女邻居。女邻居对他说："你在我的街对面已经住了18年，冬天你在我们家路上铲过雪，夏天你为我们家花园剪过草，即使不是必需的，我也会投你一票。"这就是满足别人需求的好处，不但营造了人际关系网，而且也为自己的事业成功奠定了基础。

所以，在与他人交往时，不要只想别人对你如何，只想影响别人，让别人满足你的需要。而要善于站在别人的立场上，多替别人着想。在你想让他人为你做什么的时候，问问自己须为他人做什么。了解别人的需求，恰当地给予满足，在满足别人的过程中，自己也能得到满足。

孔子曰："君子成人之美，不成人之恶，小人反是。"这句话的意思是说："君子通常成全他人的好事，不破坏别人的事，而小人却与之相反。"有人对此有更深的理解，他认为孔子说的"成人之美"即成全他人的好事，这种成全也包含了想方设法地去帮助他人实现美好的愿望。

小时候，我听过这样一个故事：有一个小女孩经过一片草地时，看见一只蝴蝶被花茎卡住了。于是她小心地移开花茎，让蝴蝶飞向大自然。后来蝴蝶为了报恩，化作一位仙女对小女孩说："请你许个愿吧！我将让它实现。"小女孩想想说："我希望快乐。"于是，仙女在她耳边说了一番话便飞走了。后来，这个小女孩果真快乐地度过了一生。而这个快乐的秘密就是：力所能及地帮助身边的每一个人，使他们获得满足。

让别人满足，确实是一种快乐。记得有位哲人说过："帮助别人攀登的人，自己也会爬得很高。"在这个世界上，个人的力量总是有限的，一个人无力去解决生活中的所有问题，任何一个人都离不开他人的帮助。为人处世不能仅从"一己"考虑，只有多为别人着想，人们才会给你以友善的回报。

乌鲁木齐有一个叫李锡娥的老人，不到一米六的个头，斑白的头发，脚穿一双布鞋，天天走街串巷，为社区居民做服务工作。多年来她热心于社区工作。除了计划生育教育，还照顾社区孤寡老人贾桂兰十余年，帮助社区无业青年阿力木·托合提找工作，还当起了民族团结义务宣传员。"帮助别人，其实也是快乐自己。"这是老人说得最多的一句话。

35 岁的阿力木·托合提逢人就夸赞李锡娥。他家住北山社区，没有稳定的工作，妻子又是聋哑人，全家六口人的生活一直很拮据。"我父母走得早，这些年不论是在生活上还是在经济上，李阿姨就像我的妈妈一样照顾我们一家，她就是我的妈妈！"

阿力木·托合提说，李锡娥了解到他家的情况后，向居委会申请让他来社区当联防队员。"我的孩子生病了，发烧一直不退，给孩子看病打针的钱还是李阿姨出的呢。李阿姨每个月的工资几乎给贫困户贴完了。"无论多忙，李锡娥都会抽空专门去看望 89 岁的贾桂兰老人。"十几年了，我已经习惯了。"李锡娥说。在她的日程表里，照顾这个大姐一直是她的义务。

"我院子里的煤、红薯、白菜什么的都是锡娥给我买的，她每个星期都要来看我两三次，几天不见都想得慌！"贾桂兰说。

李锡娥早上 9 点上班，晚上有时候排查流动人口要到 11 点才能忙完，而她的脸上总是挂着微笑。"我不能眼看着他们有困难不帮忙，而且帮助别人，其实也是快乐自己！"

困难中的人，伤心的人，拥有一朵花感觉就像拥有了整个春天。我们只要像李锡娥老人一样，为他们献出一颗暖暖的爱心，那么，我们就是为他们营造了一个幸福的天堂。

是啊，当你尽自己所能，成人之美时，你就是在帮助你自己。因为当接受你帮助的人对你十分感激时，你就会感受到一种温情，这种温情让你舒服，这种因为使别人幸福而令自己欣喜万分的感觉，能使你知道幸福的真正含义，能让你远离人情冷漠。

有位作家曾经说过："为你自己找到快乐的最有保障的方法

就是向别人奉献你的精力，努力使他人获得满足。因为别人满足，所以自己快乐。幸福是捉摸不定、透明的事物，如果你决心去追寻幸福，你将会发现它难以捉摸。如果你把满足带给其他人，那么幸福和快乐自然就会来临。"

坦然自嘲，妙语解颐

在生活中，每个人都难免遇到令人尴尬的人，做出使自己尴尬的事情，而且因此陷入一种狼狈的境地。这时略施幽默来进行自我调节，便能抹掉困窘，扭转尴尬局面。

在一个女孩的订婚宴会上，她很想给未婚夫的亲戚们留下好印象。她微笑着走进宴会厅，不料绊倒了一座落地灯，灯又撞翻了小桌子，她正好跟跄地跌在小桌子上摔了个四脚朝天。她立刻跳起来，站直了说："瞧！我也能够玩扑克牌把戏！"她幽默的做法一下子就把尴尬的场面扭转了，而且还给人留下了聪明大方对自己充满信心的好印象。仅这一件小事，人们就已充分了解了她的智慧和能力。

俗话说："家丑不可外扬。"可是在幽默的领域里"笑话自己"是一个得到了普遍认同的观点。瓦尔特·雷利（Wdter Raleigh）说："不论你想笑别人的哪一点，先笑你自己。试想当一个人想说笑话，讲讲小故事，或者造一句妙语、一则趣谈时，取笑的是自己，其他人谁会不高兴呢？所以说，想要制造幽默，最安全的目标就是你自己。"

美国幽默作家罗伯特就主张以自己为幽默对象，或者说"笑话自己"。运用这种方法，在生活中的各种场合，我们都可以发现笑料，引出笑声，为人们解除愁闷和紧张。长此以往，就能获得一种幽默智慧，能够承受各种既成事实，更有信心去努力改善现状，也能够增加自己的亲和力。

比如在双方交谈刚开始，尚未开宗明义之前，来一个巧妙的逸乐幽默，使对方处于欢乐激情之中，达成情绪上的"晕轮"。就像刘姥姥进大观园那样，首先给对方以轻松感，然后再侧面谈及农家之苦，把对方的骄傲情绪和同情心调动起来，他们自然乐于施舍于她了。利用自我解嘲幽默，可生动地暗示自己的处境，唤起对方的同情。

有一个人向他的朋友抱怨："我越来越老了。"当然，朋友告诉他，他看起来仍和从前一样年轻。

"不，我不年轻了。"他坚持说："过去总有人问我'为什么你还不结婚？'"而现在他们问："你当年怎么会不结婚呢？"

朋友在被他的幽默逗笑的同时，也不免会为他年华逝去，却还没有成家而同情他。要获得他人的同情，我们要首先脱掉虚伪的外衣，真诚地表露自己。而趣味思想的幽默能帮助我们移去障碍和欺骗。有时候，在大庭广众之下，我们会犯一些小错误，闹一些小笑话。这时候，就可以用幽默来帮助我们表达真诚。

幽默一直被人们认为是只有聪明人才能驾驭的艺术，而自嘲又被认为是幽默的最高境界。由此可见，能自嘲的人必然是智者中的智者，高手中的高手。自嘲就是要拿自身的失误、不足甚至生理缺陷来"开涮"，对丑处不予遮掩，反而把它放大、夸张、剖析，然后巧妙地引申发挥，自圆其说，博人一笑。一个人如果没有豁达、乐观、超脱、调侃的心态和胸怀，是无法做到自嘲的。自以为是、斤斤计较、尖酸刻薄的人更是难以望其项背。自嘲不伤害任何人，因而最为安全。你可用它来活跃气氛，消除紧张。在尴尬中自找台阶，保住面子，在公共场合表现得更有人情味。

幽默地面对生活，借着笑的分享，就可以把琐细的问题摆在适当的位置，和整个生活相形之下问题就显得很小了。这有助于我们轻松地获得他人的同情，也能使人重振精神。

有时候，我们也难免会撒谎或者欺骗他人。而当我们偶尔犯了错误，受到谴责的时候，我们总是希望得到他人的谅解。我们相信，绝大多数人是诚实的，善良的，因而我们采取幽默的方式争取他人的谅解。

一个妇人打电话给电工："喂，昨天请你来修门铃，为什么到今天还没有来？"电工答道："我昨天去了两次，每次按门铃都没有人出来开门，我只好走了。"人们听后肯定会轻松地一笑，其意绝不在讽刺电工的服务态度，电工的愚笨反而使我们觉得可爱，进而谅解他的工作失误。

有一位职员，上班时间趴在桌上睡着了，他的鼾声引起了同事们的哄堂大笑。他被笑声惊醒后，发现同事们都在笑他，有人道："你的呼噜打得太有水平了！"他一时颇不好意思，不过他立即接过话说："我这可是祖传秘方，高水平还没发挥出来呢。"在大家的一片哄笑中，他为自己解了围。

在幽默的领域里笑自己是一条不成文的法则，你幽默的目标必须时刻对准你自己。这时，你可以笑自己的观念、遭遇、缺点乃至失误，也可以笑自己狼狈的处境。每一个迈进政界的人都得有随时挨"打"的心理准备，如果缺乏笑自己的能力，那么他最好还是去干其他事情。

一次，陈毅到亲戚家过中秋节。一进门就发现一本好书，便专心读了起来，边读边用毛笔批点。主人几次催他去吃饭他都不去，主人就把糍粑和糖端来。他边读边吃，竟把糍粑伸到砚台里蘸上墨汁直往嘴里送。亲戚们见了，捧腹大笑。他却说："吃点墨水没关系，我正觉得自己肚子里墨水太少哩。"

人们喜爱陈毅，难道和他的这种豁达、幽默没有联系吗？把自己作为笑的目标，以此来沟通信息、表达看法是最令人折服，最能获得信赖的。以取笑自己来和他人一起笑，这能够让他人喜欢你，尊敬你，甚至钦佩你，因为你用你的幽默向他人展现了你善良大方的品质。

威廉对公司董事长颇为反感，他在一次公司职员聚会上，突然问董事长："先生，你刚才那么得意，是不是因为当了公司董事长？"

这位董事长立刻回答说："是的，我得意是因为我当了董事长，这样就可以实现从前的梦想，亲一亲董事长夫人的芳容。"

董事长机敏地接过威廉取笑自己的目标，让它对准自己，于是他获得了一片笑声，连发难的人也忍不住笑了。

所以说，有幽默感的人往往思路敏捷，反应迅速，在复杂的环境中从容不迫，妙语连珠，常常能够凭借幽默的力量化险为夷。

懂得转弯，学会遗忘

前几天，碰到一个老同学，说起社会上的很多不公平现象。老同学说他是一个直爽的人，凡事爱说真话，所以在现实生活中总爱碰壁。我劝他：凡事想开些，别太认死理，别那么较真，别做生活中的"二愣子"。

所谓"二愣子"，是形容一个人愣头愣脑、性格倔强、认死理、喜欢抬杠、做事考虑不周、不计后果，也就是不懂得灵活多变，不懂得转弯。

有位哲人说，做人要像山一样，做事要像水一样。山是挺拔巍峨的，水是灵活多变的。这句话告诉我们：做人要有原则，做事要灵活多变，行不通时就要懂得转弯。

小时候，父亲给我讲过这样一个故事：曾经有一位禅师对大伙儿说自己法力无边，能将附近的一座大山在某年某月的某一天移到自己的跟前。大家虽都不信，但也想看看这位禅师究竟会怎样做，于是很多人都去看禅师移山。此后每一天，大家看到禅师都对着山凝神运气，口中念念有词："山过来，山过来，山过来……"

眼看着承诺的时间一天天临近，大伙儿依然没看到山有一点前移的迹象，于是看他的人一个个离开了，很多人都觉得禅师欺骗了他们。此后的每一天，禅师依然努力地喊着，声音更大了，也更虔诚了，但是山仍然没有一丝一毫的移动。

最后一天终于来到了，绝大多数人都已经失望地离开了，最后只有一个小伙子依然坚守着，因为他相信老禅师一定会给他惊喜的。傍晚时分，禅师突然大叫一声："山不过来，我过去！"随即迅速向山脚下冲去。几分钟后，愣在那里的小伙子惊呆了，因为他看到山虽然没有移动，但分明已经在禅师的面前了。

这是一个不可思议的故事，很多年过去了，我总会时不时地想起它，想起老禅师说的那句话："山不过来，我过去。"我总觉得有一种奇异的力量在吸引着我。

如今再细细想想，这个故事确实给了我很多启示，最主要的一点就是：做事要灵活多变。老禅师不是神仙，自然知道山不会跑到自己跟前。他这么做其实就是要人们懂得，做事不能太死板，应该灵活多变，达到目的才是最重要的。

有一种以捕食鱼类为生的鸟类，嘴的形状直直的，上下两部分都又长又宽阔。吞吃食物时，常常把捕到的鱼儿往空中一抛，让那条鱼头朝下尾朝上落下来，然后一口接住咽了下去。这样的吃法可以使鱼在通过咽喉时，鱼翅的骨头由前向后倒，不会卡在喉咙里。

社会复杂多变，为人处世，求人办事也一样会碰到各种"刺儿"，这个时候便不能一条道跑到黑，而应该想办法兜个圈子，绕个弯子，避开钉子。这是做人应该具备的策略和手段。连鸟都会把鱼倒过来吃，聪明人更不会赤膊上阵，硬碰钉子，让刺卡在喉咙中。很多时候，人不仅要懂得转弯，而且要学会忘记，要学会记住该记住的，忘记该忘记的。

阿拉伯著名作家阿里，有一次和吉伯、马沙两位朋友一起旅行。三人行经一处山谷时，马沙失足滑落。幸而吉伯拼命拉他，才将他救起。马沙于是在附近的大石头上刻下了："某年某月某日，吉伯救了马沙一命。"

三人继续走了几天，来到一处河边。吉伯跟马沙为一件小事吵起来，吉伯一气之下打了马沙一耳光。马沙跑到沙滩上写下：

"某年某月某日，吉伯打了马沙一耳光。"

当他们旅游回来后，阿里好奇地问马沙为什么要把吉伯救他的事刻在石上，将吉伯打他的事写在沙上？马沙回答："我永远都感激吉伯救我，我会记住的。至于他打我的事，我会随着沙滩上字迹的消失，而忘得一干二净"。

这个故事告诉我们，牢记别人对你的帮助，忘记别人对你的不好，这才是做人的本分。

记得在佛经里有这样一个小故事：

小和尚和老和尚一起去化缘，小和尚毕恭毕敬，什么事都看着师父。走到河边，一个女子要过河，老和尚背起女子过了河，女子道谢后离开了。小和尚心里一直想着，师父怎么可以背那个女子过河呢？但他又不敢问，一直走了20里，他实在憋不住了，就问师父："我们是出家人，您怎么能背那女子过河呢？"师父淡淡地说："我把她背过河就放下了，可你却'背'了她20里还没放下。"

老和尚的话充满禅意，也是人生的道理。人的一生像是一次长途跋涉，不停地行走。沿途会看到各种各样的风景，历经许许多多的坎坷。如果把走过去、看过去的都牢记心上，就会给自己增加很多额外的负担。阅历越丰富，压力就越大，还不如一路走来一路忘记，永远轻装上阵。过去的已经过去了，时光不可能倒流。除了吸取经验教训以外，大可不必耿耿于怀。

乐于忘怀是一种心理平衡，需要坦然真诚地面对生活。有些人能够忘记失意时的尴尬和窘迫，却对顺境时的得意津津乐道。岂不知成功和失败一样会留在过去，老是沉湎于过去不能释怀，拿明日黄花当眼前美景，让过眼烟云在心头永驻，沾沾自喜，自鸣得意，陷自己于虚妄之中，不思进取，裹足不前。所以说"英雄不提当年勇"是有道理的。而反复咀嚼过去的痛苦,永远一脸的苦大仇深就更不足取了。

　　在我们的人生里,记忆盛不下太多的往事,一路走来,我们注定要忘记许多。学会忘记是"去粗取精",只有忘记那些本该忘记的,需要牢记的才会在心底永存,人生才会轻装上阵。